中等职业学校示范校建设成果教材

建 筑 CAD 绘 图

主　编　刘婵洁
副主编　李林玲　谭　佼
主　审　谭　伟

机 械 工 业 出 版 社

本书以 AutoCAD 2008 和天正建筑 8.0 两个软件为应用对象，以工作任务为线索构建任务引领型课程。全书共分 6 个情境 9 个任务：建筑施工图首页的绘制（绘制图纸目录、绘制总说明），建筑平面图的绘制（运用 AutoCAD 2008 绘制建筑平面图、运用天正建筑 8.0 绘制建筑平面图），建筑立面图的绘制，建筑剖面图的绘制，建筑总平面图的绘制，建筑详图的绘制（绘制屋面泛水详图、绘制屋面台阶详图）。每个任务均配备相应的任务工单。

本书可作为中等职业学校建筑类专业及相关专业教材，也可作为企业初级培训用书和读者自学参考书。

为方便教学，本书配有助学资源，包含每个任务和思考与练习的 AutoCAD 2008 dwg 文件和电子课件，凡选用本书作为授课教材的老师均可登录 www. cmpedu. com，以教师身份注册下载。编辑咨询电话：010-88379934。

图书在版编目（CIP）数据

建筑 CAD 绘图/刘婵洁主编. —北京：机械工业出版社，2014.7（2021.8 重印）
中等职业学校示范校建设成果教材
ISBN 978-7-111-46682-6

Ⅰ.①建… Ⅱ.①刘… Ⅲ.①建筑制图-计算机辅助设计-AutoCAD 软件-中等专业学校-教材 Ⅳ.①TU204

中国版本图书馆 CIP 数据核字（2014）第 096590 号

机械工业出版社（北京市百万庄大街 22 号 邮政编码 100037）
策划编辑：刘思海 责任编辑：刘思海
责任校对：陈 越 封面设计：马精明
责任印制：张 博
涿州市般润文化传播有限公司印刷
2021 年 8 月第 1 版第 4 次印刷
184mm×260mm · 8 印张 · 186 千字
标准书号：ISBN 978-7-111-46682-6
定价：22.00 元

电话服务	网络服务
客服电话：010-88361066	机 工 官 网：www. cmpbook. com
010-88379833	机 工 官 博：weibo. com/cmp1952
010-68326294	金 书 网：www. golden-book. com
封底无防伪标均为盗版	机工教育服务网：www. cmpedu. com

前　　言

本书根据中等职业教育示范校建设及课程改革创新示范要求编写。本书打破了以往传统的编写模式，把绘制建筑图所需使用的 AutoCAD 和天正建筑两个软件结合起来，根据职业教育学生的实际情况，以建筑工程施工专业相关工作任务和岗位职业能力分析为依据，以工作任务为线索构建任务引领型课程，将实际工程图纸作为讲解实例安排编写，目的是使学生能尽快接触实际岗位的工作内容，为之后的学习以及未来的工作打下基础。

书中每个任务除了正文部分外，还配有相应的“任务工单”（单独成册），在完成学习后，可让学生通过任务工单中的练习，更好地掌握每个任务的重、难点。

在数字化资源上，配有每个任务和思考与练习的 AutoCAD 2008dwg 文件。

本书由刘婵洁担任主编，李林玲、谭佼担任副主编，袁林、王松、陈大红、陈镜宇参加编写，由谭伟主审。编写期间，得到了重庆市工业学校、重庆市规划设计院等单位的老师和专家的帮助，在此致以最诚挚的感谢！

因编者水平有限，匆忙之间书中难免有不足之处，恳请广大读者批评指正。

编　者

目　　录

情境一　建筑施工图首页的绘制

我们将通过两个任务来完成某建筑施工图——图纸目录和建筑施工图设计总说明的绘制，完成后效果如图 1-1 和图 1-2 所示。

<table>
<tr><td colspan="6">图纸目录</td></tr>
<tr><td colspan="2">工程名称</td><td>××住宅</td><td colspan="2">设计编号</td><td>2014-05</td></tr>
<tr><td colspan="2" rowspan="2">建设单位</td><td rowspan="2">××开发有限公司</td><td colspan="2">日　期</td><td>2014.05</td></tr>
<tr><td colspan="2">页　数</td><td>第1页 共1页</td></tr>
<tr><td>序号</td><td>图 号</td><td>图 纸 名 称</td><td>图幅</td><td colspan="2">备 注</td></tr>
<tr><td>1</td><td>JS-01</td><td>图纸目录</td><td>A2</td><td colspan="2"></td></tr>
<tr><td>2</td><td>JS-02</td><td>建筑施工图设计总说明</td><td>A2</td><td colspan="2"></td></tr>
<tr><td>3</td><td>JS-03</td><td>建筑总平面图</td><td>A2</td><td colspan="2"></td></tr>
<tr><td>4</td><td>JS-04</td><td>建筑平面图</td><td>A2</td><td colspan="2"></td></tr>
<tr><td>5</td><td>JS-05</td><td>建筑立面图</td><td>A2</td><td colspan="2"></td></tr>
<tr><td>6</td><td>JS-06</td><td>建筑剖面图</td><td>A2</td><td colspan="2"></td></tr>
<tr><td>7</td><td>JS-07</td><td>节点详图</td><td>A2</td><td colspan="2"></td></tr>
<tr><td></td><td></td><td></td><td></td><td colspan="2"></td></tr>
<tr><td></td><td></td><td></td><td></td><td colspan="2"></td></tr>
<tr><td></td><td></td><td></td><td></td><td colspan="2"></td></tr>
<tr><td></td><td></td><td></td><td></td><td colspan="2"></td></tr>
<tr><td></td><td></td><td></td><td></td><td colspan="2"></td></tr>
</table>

图　1-1

情境目标

1. 熟练掌握图框、表格的绘制方法。
2. 熟练掌握文字的输入方法。
3. 熟练掌握图框、表格、文字的编辑修改。

专业	日期	专业	日期	姓名	专业
暖通		暖通			建筑
电气		电气			结构
弱电		弱电			水道

建筑施工图设计总说明（部分）

一.设计依据

1. 《重庆市城市规划管理技术规定》及现行重庆市相关设计法规和条例
2. 《城市消防站建设标准》
3. 《公安消防部队中队建设标准》
4. 《军队基层设施建设纲要》
5. 《公安消防部队基层正规化管理若干规定》（试行）
6. 《建筑设计防火规范》（GBJ 16−87）

二.工程概况

1. 建设单位：××开发有限公司
2. 总建筑面积3620.4m²，建筑层数：见建筑总平面图
3. 建筑类别：一级普通消防站，建筑耐火等级：二级
4. 使用年限：五十年
5. 抗震设防烈度：六度
6. 主要结构类型：综合楼：框架结构；训练塔：砖混结构
7. 本工程±0.000现场指定。如果在放线过程中出现矛盾时，请与我所联系，待研究定案后再行放线，以确保放线的准确性。

三.建筑设计说明

1. 本工程所注尺寸均以毫米为单位，标高以米为单位
2. 本工程主要装修材料除《建筑内部装修设计防火规范》要求外，需经设计人同意后方可施工
3. 屋面女儿墙转角处，高低屋面转折处，雨水口，其他阴阳角及地下室防水等重点防水部位应严格按《屋面工程技术规范》要求施工
4. 凡穿楼板之立管均应预埋刚性防水套管，套管高出楼(地)面30，立管与套管间隙封防水膏所有预留洞，预埋件请密切配合各专业图纸施工，不得后凿后做，凡有地漏及排水房间楼（地)面需严格坡向地漏，坡度：1%
5. 所有镶入墙内的木制构件均刷防腐沥青一度，所有外露铁件均刷防锈漆二度，颜色与装修面层一致，非外露铁件刷樟丹二度
6. 本工程所有外墙，分户墙为200厚加气混凝土砌块，其他分隔墙除标注尺寸外均为120页岩砖，所有内外墙及室内分隔墙抹灰面（双面）均满挂钢丝网加固
7. 除标注外，门窗均居墙中
8. 室外台阶，平台标高均比同层楼(地)面标高低60
9. 建筑填充墙构造作法严格按照西南 G701<二>执行
10. 建筑物抗震构造作法详图严格按 97G329(一)执行

四.用料说明

(一)综合楼部分：

1. 散水——900宽混凝土水泥散水，详西南J812 $\frac{1}{4}$
2. 坡道——详西南 J812 $\frac{5}{4}$
3. 屋面防水等级二级（坡屋面）：做法如下
   (1) 20厚1:2.5水泥沙浆
   (2) 玻璃纤维网
   (3) 40厚挤塑聚本板
   (4) 改性沥青涂膜；（平屋面：SBS改性沥青防水卷材、聚氨酯3厚）
   (5) 20厚1:2.5水泥砂浆结合层
   (6) 100厚现浇混凝土屋面板
4. 外墙面——面砖饰面，做法详西南 J516 $\frac{5409}{59}$，喷涂饰面，做法详西南J516 $\frac{5303}{53}$
   外墙做法：
   (1) 20厚1:2.5水泥沙浆
   (2) 玻璃纤维网
   (3) 25厚挤塑聚本板
   (4) 200厚粉煤灰加气砌块B05
   (5) 20厚1:2.5水泥沙浆
5. 综合楼建筑部分做法
   (1) 楼面做地板砖面层，详西南J312 $\frac{3183}{18}$，地板砖规格，色泽另看样选定

图 1-2

任务一　绘制图纸目录

一、任务描述

通过对某图纸目录的绘制，掌握 AutoCAD 2008 的基本绘图命令。

活动环境与工具

1. 活动环境

采用多媒体机房进行教学，每人一台计算机，老师课前安装好软件并逐台测试。

2. 资源准备

本节课教学前，教师将任务图纸、任务工单、国家制图规范准备好，确保 AutoCAD 2008 及天正建筑 8.0 能正常运行，并提供一套建筑施工图纸（图纸目录）、文字说明、图片幻灯片和视频资料。

任务分析

根据建筑施工图纸要求运用 AutoCAD 2008 的“直线”“偏移”等命令绘制图纸目录中的表格。

运用 AutoCAD 2008 的“文字”命令在表格中输入文字。

二、方法与步骤

1. 新建文件并设置绘图环境

1）打开 AutoCAD 2008，新建一个空白文档并保存到指定存储盘。执行工具栏上的“图层特性管理器”（快捷键为：la），单击“新建图层”按钮新建 3 个图层，并按图 1-3 所示设置每个图层的名称、颜色、线型及线宽。

S..	Name	On	Fr...	L...	Color	Linetype	Lineweight	Plot...	P..	N..
	0				white	Continuous	Default	Color_7		
	ASHADE				white	Continuous	Default	Color_7		
	Defpoints				white	Continuous	Default	Color_7		
	表格				cyan	Continuous	Default	Color_4		
	表头				blue	Continuous	Default	Color_5		
	文字				white	Continuous	Default	Color_7		

图　1-3

2）执行菜单中的“格式”—“图形界限”，设置左下角坐标为“0，0”，右上角坐标为“20000，20000”（估计图形所占用的空间，一般为总长或总宽的 5 倍）；再执行菜单中的“视图—缩放—全部”（快捷键为：z 回车 a 回车）。

2. 绘制表格

1）设置当前图层为“表格”，单击键盘上的〈F8〉，打开“正交”。运用工具栏上的“直线”命令（快捷键为：l），绘制一条长度约为 20500 的直线，如图 1-4 所示。

命令：*l LINE*（回车）指定第一点：（鼠标左键在屏幕中单击任意一点）
指定下一点或［放弃(*U*)］：*20500*(回车)
指定下一点或［放弃(*U*)］：*u*(回车)

图 1-4

执行工具栏上的“偏移”命令（快捷键为：o），将直线向下偏移 16000，如图 1-5 所示。

命令：*o OFFSET*(回车)
指定偏移距离或［通过(*T*)］ <*10*>：*16000*(回车)
选择要偏移的对象或 <退出>:(用鼠标左键单击第一条垂直线)
指定点以确定偏移所在一侧：(用鼠标左键单击第一条垂直线右侧)(回车)

图 1-5

运用工具栏上的“直线”命令（快捷键为：l），连接左右两边的端点，如图 1-6 所示。

继续执行工具栏上的“偏移”命令，将上方、下方、右方的直线分别向内偏移 500，将左方的直线向内偏移 2000，如图 1-7 所示。

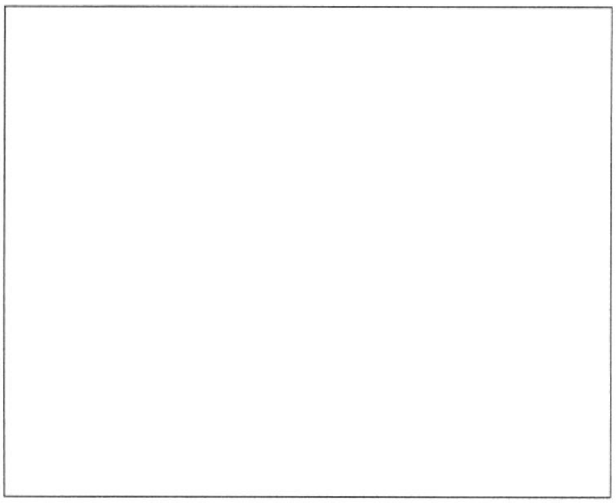

图 1-6

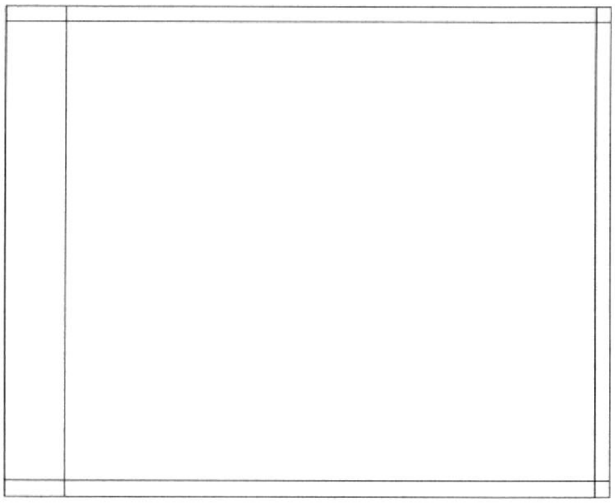

图 1-7

执行工具栏的“修剪”命令（快捷键为：tr），如图 1-8 和图 1-9 所示，修剪掉直线多余部分。

命令：*tr TRIM*(回车)
当前设置:投影 = *UCS*,边 = 无
选择剪切边...
选择对象或 <全部选择>:(回车)
选择要修剪的对象,或按住 *Shift* 键选择要延伸的对象,或
［栏选(*F*)/窗交(*C*)/投影(*P*)/边(*E*)/删除(*R*)/放弃(*U*)］:(选择需要修剪的部分)

图 1-8

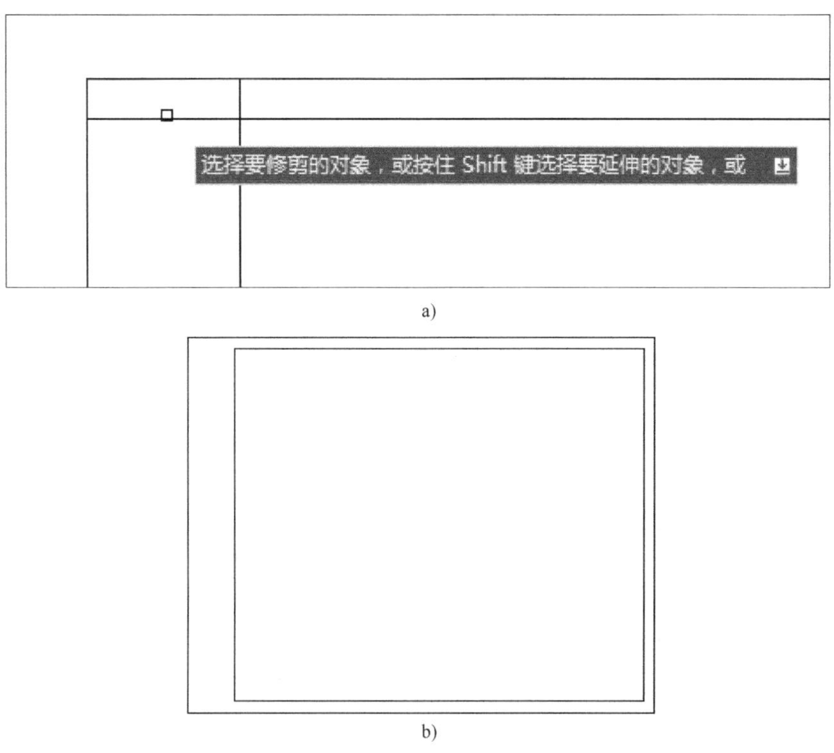

a)

b)

图 1-9

2）同理，执行“偏移”命令绘制出表格其余部分，并按照图纸样式进行修剪，如图1-10所示。

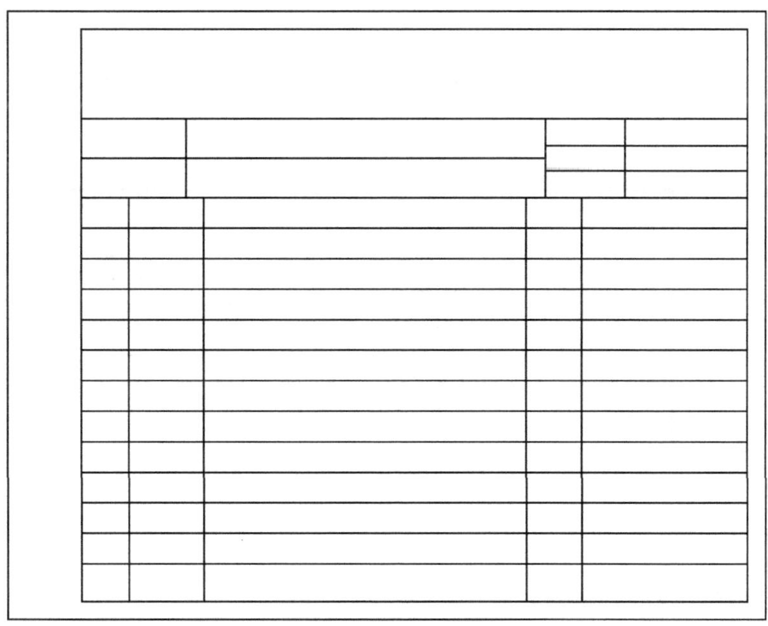

图 1-10

3. 切换图层并输入文字

1）设置当前图层为“表头”，执行工具栏的“多行文字”命令（快捷键为：t），文字操作和设置如图 1-11 和图 1-12 所示。文字设置输入完成后，效果如图 1-13 所示。

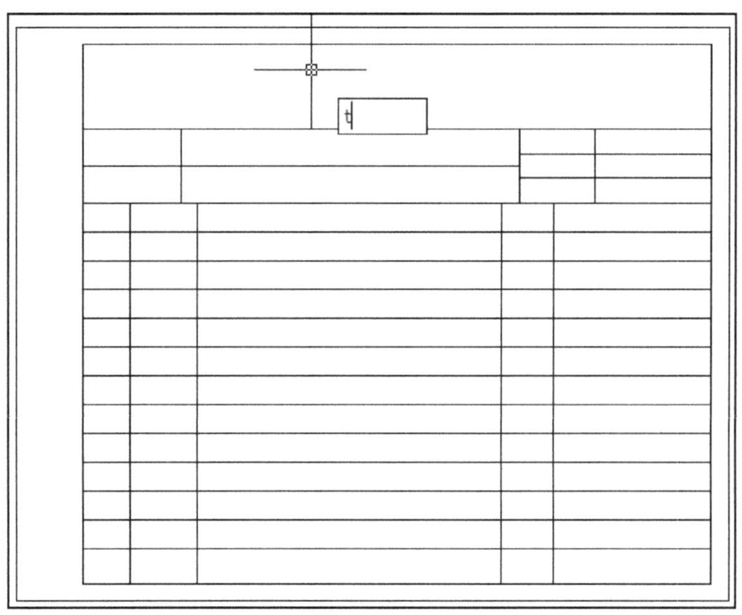

图 1-11

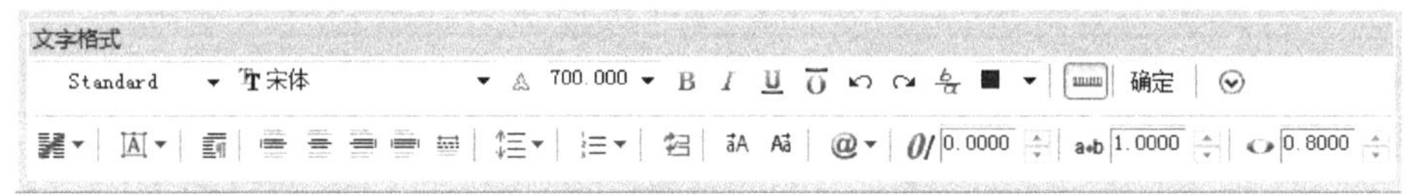

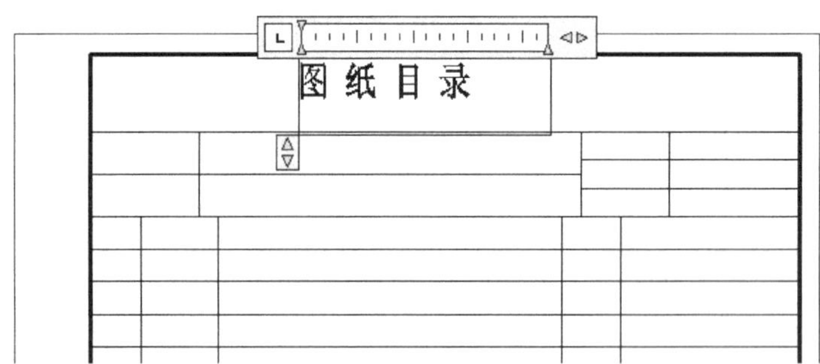

图 1-12

同理，依次输入表头的剩余文字，完成后如图 1-14 所示。

2）设置当前图层为“文字”，执行工具栏的“多行文字”命令（快捷键为：t），输入表内剩余的其他文字内容，如图 1-15 所示。

图纸目录

图　1-13

图纸目录

工程名称			设计编号	
			日　　期	
建设单位			页　　数	第　页　共　页
序号	图　号	图　纸　名　称	图幅	备　注

图　1-14

图纸目录

工程名称	××住宅		设计编号	2014-05
			日期	2014.05
建设单位	××开发有限公司		页数	第1页 共1页

序号	图号	图纸名称	图幅	备注
1	JS-01	图纸目录	A2	
2	JS-02	建筑施工图设计总说明	A2	
3	JS-03	建筑总平面图	A2	
4	JS-04	建筑平面图	A2	
5	JS-05	建筑立面图	A2	
6	JS-06	建筑剖面图	A2	
7	JS-07	节点详图	A2	

图 1-15

三、相关知识与技能

AutoCAD 2008 的界面一共由标题栏、菜单栏、工具栏、绘图区、命令行、状态栏六个部分组成，如图 1-16 所示。

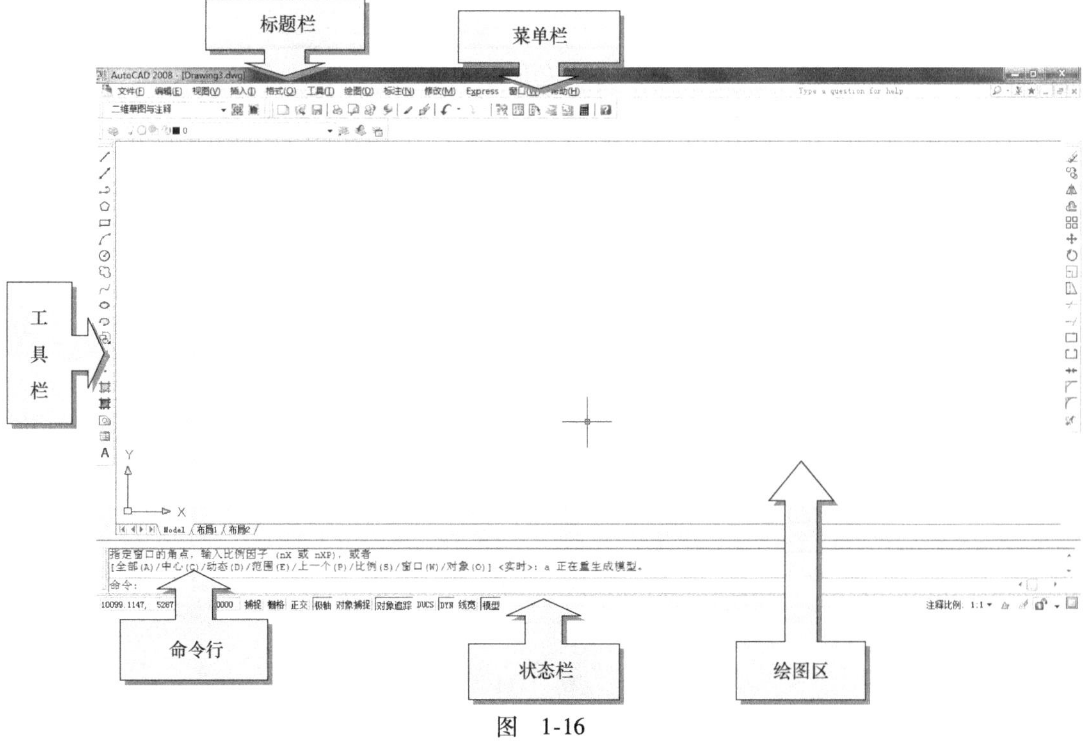

图 1-16

四、思考与练习

请用本任务学习的命令及方法绘制某图纸目录，内容如图 1-17 所示。

图 纸 目 录

序 号	图 号	图 纸 名 称	图纸尺寸	备 注
1		封 面	A2	
2	JZ-00	图纸目录	A2	
3	JZ-01	设计说明（一）	A2	
4	JZ-02	设计说明（二）	A2	
5	JZ-03	车站总平面图	A2+	
6	JZ-04	一层站厅、站台层建筑装修综合平面图	A2+	
7	JZ-05	二层站厅层建筑装修综合平面图	A2+	
8	JZ-06	站台板下夹层建筑装修综合平面图	A2+	
9	JZ-07	1-1纵剖面图	A2+	
10	JZ-08	2-2横剖面图	A2	
11	JZ-09	卫生间大样图 (LT4) 楼梯大样图	A2+	
12	JZ-10	(LT1) 楼梯大样图	A2	
13	JZ-11	(LT13) 楼梯大样图	A2	
14	JZ-12	(LT6) 楼梯大样图	A1	
15	JZ-13	(LT8) 楼梯大样图、出入口1花池平面图	A2	
16	JZ-14	(LT12) 楼梯大样图	A1	
17	JZ-15	(LT11) 楼梯大样图	A2+	
18	JZ-16	一层站厅、站台层地面铺装图	A2	
19	JZ-17	二层站厅层地面铺装图	A2	
20	JZ-18	一层站厅、站台层天棚平面布置图	A2	
21	JZ-19	二层站厅层天棚平面布置图	A2	
22	JZ-20	一层站厅、站台层立面图	A2	
23	JZ-21	一层站厅、站台层82-61立面图	A2	
24	JZ-22	设备用房天、地平面图	A2	

图　1-17

小提示

文字过多时可使用“复制”命令，再双击“修改”。

任务二　绘制总说明

一、任务描述

通过对某图纸总说明和图框的绘制，进一步提高 AutoCAD 2008 基本绘图的能力。

活动环境与工具

1. 活动环境

采用多媒体机房进行教学，每人一台计算机，老师课前安装好软件并逐台测试。

2. 资源准备

本节课教学前，教师将任务图纸、任务工单、国家制图规范准备好，确保 AutoCAD 2008 能正常运行，并提供一套建筑施工图纸（总说明）、文字说明、图片幻灯片和视频资料。

任务分析

根据建筑施工图纸要求运用 AutoCAD 2008 的“直线”“偏移”“文字”等命令绘制图纸中的图框。

运用 AutoCAD 2008 的“修剪”命令编辑图框。

二、方法与步骤

1. 新增图层

打开已经绘制完成的图纸目录文件。执行工具栏上的“图层特性管理器”（快捷键为：la），新增图层，并按图 1-18 所示设置每个图层的名称、颜色、线型及线宽。

S..	Name	On	Fr...	L...	Color	Linetype	Lineweight	Plot...	P..	N..
	0				white	Continuous	Default	Color_7		
	ASHADE				white	Continuous	Default	Color_7		
	Defpoints				white	Continuous	Default	Color_7		
	表格				cyan	Continuous	Default	Color_4		
	表头				blue	Continuous	Default	Color_5		
	文字				white	Continuous	Default	Color_7		
	文字-1级标题				blue	Continuous	Default	Color_5		

图 1-18

2. 绘制图框

1）设置当前图层为“表格”，单击键盘上的 <F8>，打开“正交”。运用工具栏上的“直线”命令（快捷键为：l），绘制一条长度约为 55000 的直线，如图 1-19 所示。

命令：*l LINE*（回车）指定第一点：（用鼠标左键在屏幕中单击任意一点）
指定下一点或［放弃(*U*)］：*55000*（回车）
指定下一点或［放弃(*U*)］：*u*（回车）

图 1-19

执行工具栏上的“偏移”命令（快捷键为：o），将直线向下偏移 39000，如图 1-20 所示。

命令：*o OFFSET*（回车）
指定偏移距离或［通过(*T*)］<*10*>：*39000*（回车）
选择要偏移的对象或 <退出>：（用鼠标左键单击第一条垂直线）
指定点以确定偏移所在一侧：（用鼠标左键单击第一条垂直线右侧）（回车）

图 1-20

运用工具栏上的“直线”命令（快捷键为：l），连接左右两边的端点，如图 1-21 所示。

继续执行工具栏上的“偏移”命令，将上方、下方、右方的直线分别向内偏移 755，将左方的直线向内偏移 3800，如图 1-22 所示。

图　1-21　　　　　　图　1-22

执行工具栏的“圆角”命令（快捷键为：f），如图 1-23 所示。倒出如图 1-24 所示的直角。

命令：*f FILLET*（回车）
当前设置：模式 = 修剪，半径 = *0.0000*
选择第一个对象或［放弃（*U*）/多段线（*P*）/半径（*R*）/修剪（*T*）/多个（*M*）］：（单击角的两边）

图　1-23

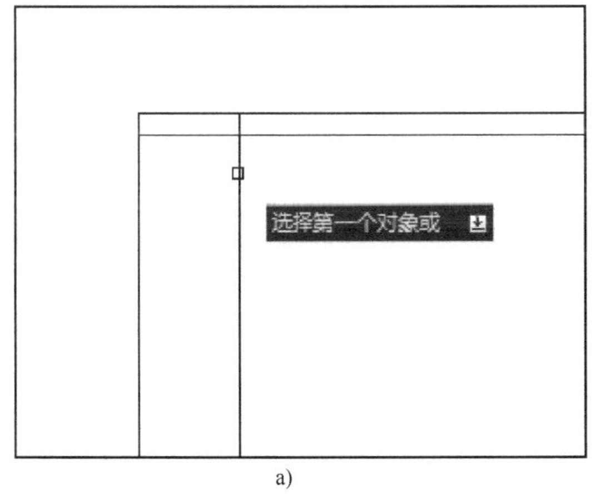

a)

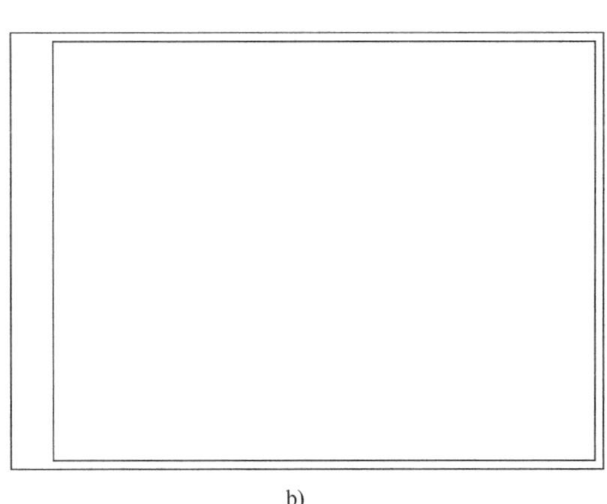

b)

图　1-24

2）同理，执行“偏移”命令绘制出图框其余部分，并按照图纸样式进行修剪，如图 1-25所示。

3. 切换图层输入图框文字

1）设置当前图层为“表头”，执行工具栏上的“多行文字”命令（快捷键为：t），文字操作和设置如图 1-26 和图 1-27 所示。文字设置输入完成，效果如图 1-28 所示。

图 1-25

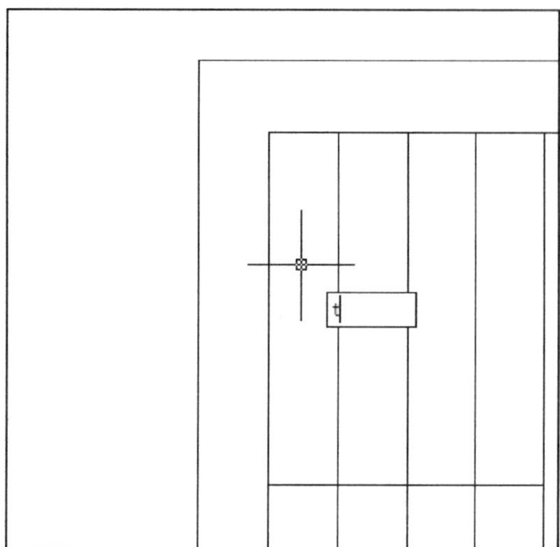
图 1-26

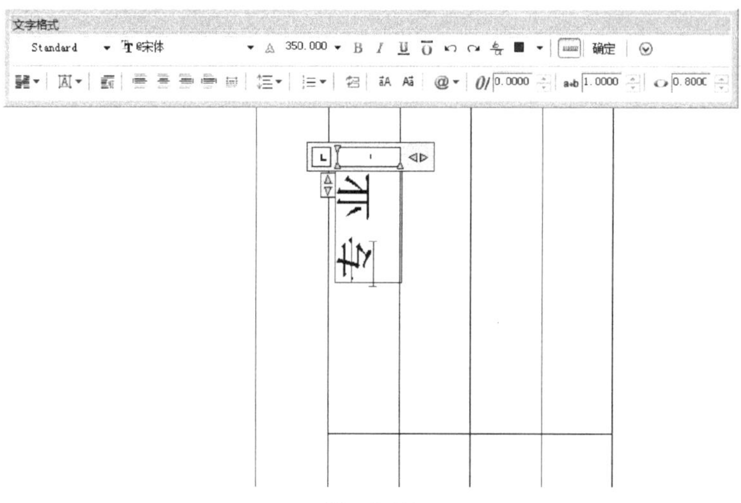

图 1-27

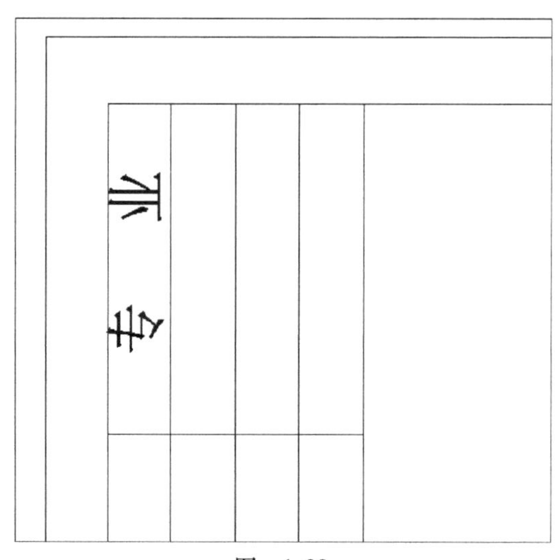

图 1-28

2）同理，依次输入图框内的剩余文字，完成后如图 1-29 所示。

专　　业	姓　　名	日　　期	专　　业	日　　期	专　　业
建　　筑			暖　　通		暖　　通
结　　构			电　　气		电　　气
水　　道			弱　　电		弱　　电

图　1-29

4. 输入总说明文字

同上述文字输入方法，如图 1-30 所示。调换图层，依次输入所给施工图设计总说明的文字，完成所有文字，如图 1-31 所示。

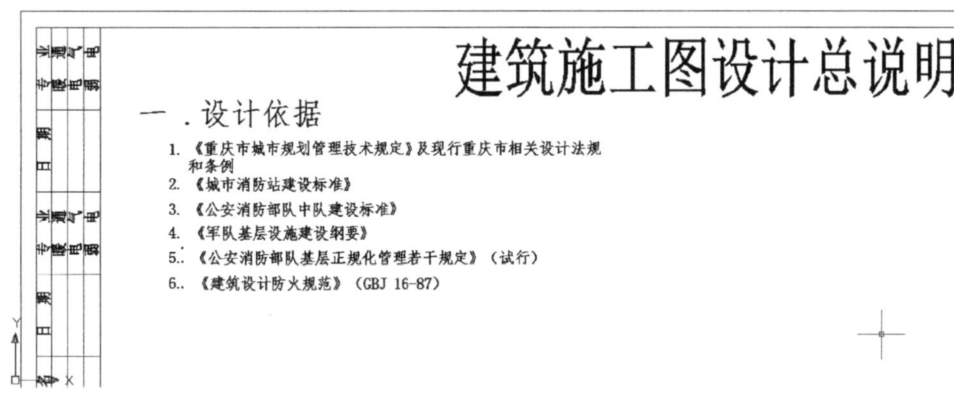

图　1-30

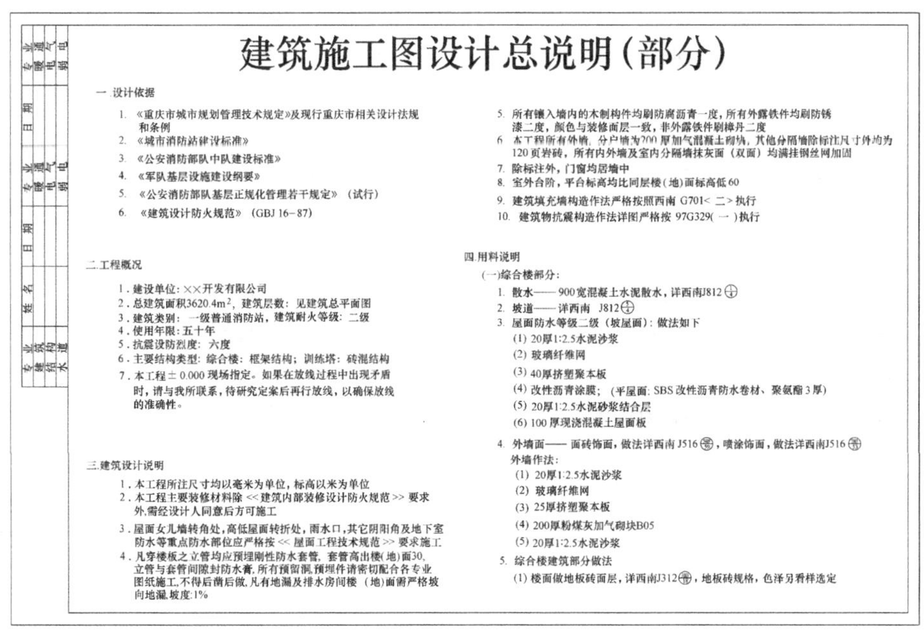

图　1-31

三、相关知识与技能

AutoCAD 2008 中的图形界限是无限大的，设定图形界限即是手绘图中选择合适大小的图纸。

在“格式”中设置图形界限，设置好大小后必须用“视图缩放”命令全部显示图形界限，如图 1-32 所示。

```
命令：z ZOOM
指定窗口角点，输入比例因子 (nX 或 nXP)，或
[全部(A)/中心点(C)/动态(D)/范围(E)/上一个(P)/比例(S)/窗口(W)] <实时>：a
正在重生成模型。
```

图 1-32

四、思考与练习

请用本任务学习的命令及方法绘制某建筑设计总说明，内容如图 1-33 所示。

建筑设计总说明

1. 概况：本建筑为三层老年活动中心总建筑面积为525平方米。
2. 轴线：除注明外均为240厚墙轴线居中。
3. 墙身防潮层：1:2水泥砂浆加5%防水剂20厚，标高为－0.06。
4. 室内装修：(均采用西南J505图集)
   (1) 内墙 ：房间楼梯间均采用水泥砂浆抹灰，按42页 5602 施工。面刷803涂料二度
   (2) 顶棚 ：均采用水泥砂浆抹灰，按31页 105 施工，面刷803涂料二度。
   (3) 卫生间：墙面贴1800高白磁砖，按46页 ① 施工。
5. 楼地面：(均采用西南J302图集)
   (1) 楼梯间楼地面采用地板砖面层，按10页 3222甲 施工 。
   (2) 楼面采用地板砖面层，按10页 3222甲 施工。
   (3) 地面采用地板砖面层，按6页 3122a 施工。
   (4) 踢脚板采用条形砖面层，1:3水泥砂浆15打底，面贴条形砖高为150 。
   (5) 卫生间楼地面采用陶瓷锦砖面层，按J507,19页 Ⓐ Ⓑ 施工。
6. 室外装修：(均采用西南J506图集)
   (1) 外墙：采用墙面砖贴面，色彩详见立面图，按34页 5406 施工。
   (2) 勒脚：采用水泥砂浆抹灰，按29页 5107 施工高为450。
7. 油漆：(均采用西南J302图集)
   木门，按24页 3502 施工，颜色为奶油色。
8. 屋面：(采用西南J202图集)
   屋面防水采用刚柔结合防水，按3页 2103 施工，其上作20厚1:3水砂浆找平层，然后作SBS改性沥青防水层。
9. 室外工程：(均采用西南J802图集)
   (1) 散水按2页 ⑧ 施工， 宽度为800。
   (2) 台阶按3页 ② 施工。
   (3) 明沟由甲方自理。

图 1-33

情境二　建筑平面图的绘制

我们将运用 AutoCAD 2008 及天正建筑 8.0 分别通过两个任务来完成某两个建筑平面图——门卫室及住宅平面的绘制，完成后效果如图 2-1 和图 2-2 所示。

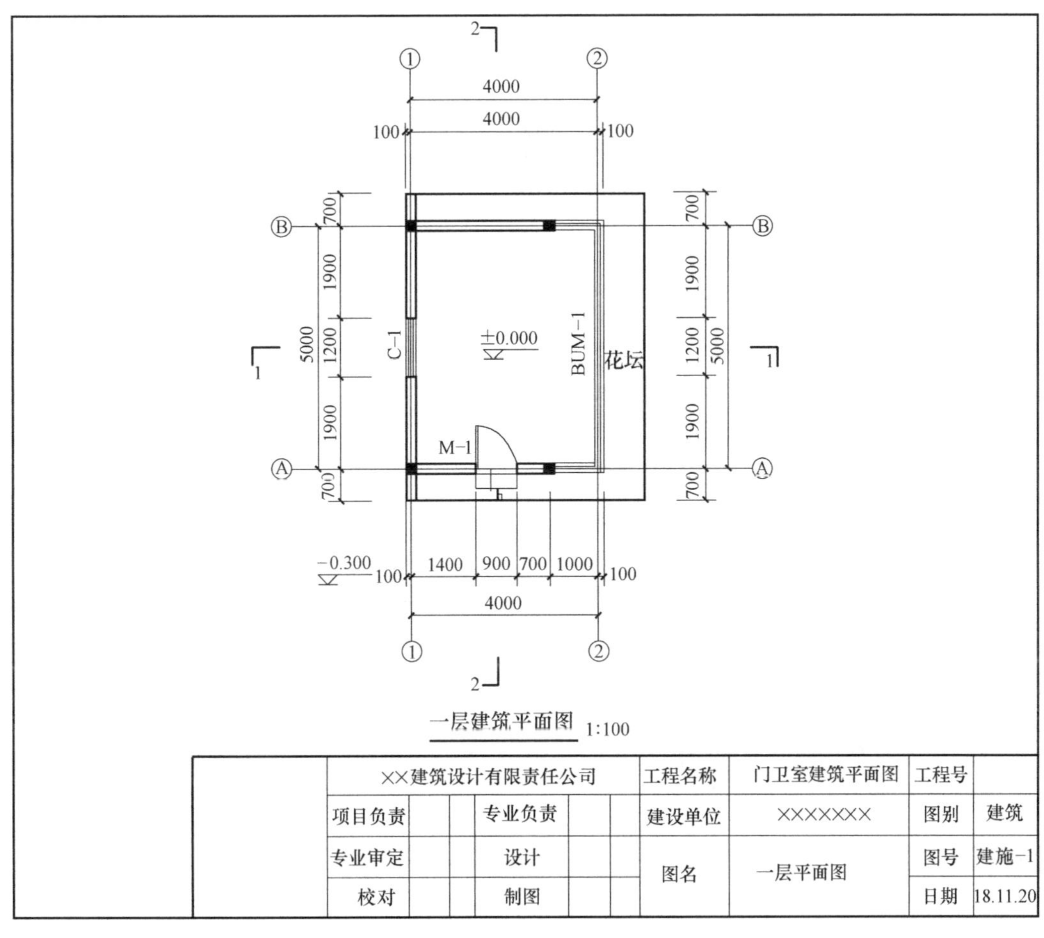

图　2-1

情境目标

1. 掌握 AutoCAD 2008 中绘图单位、图形界限、图层的设置。

2. 熟练掌握 AutoCAD 2008 中轴网、墙体、门窗、建筑构件、标注及文字符号的绘制。

3. 熟练掌握天正建筑 8.0 中轴线、墙体、门窗、建筑构件、标注及文字符号的设置及绘制。

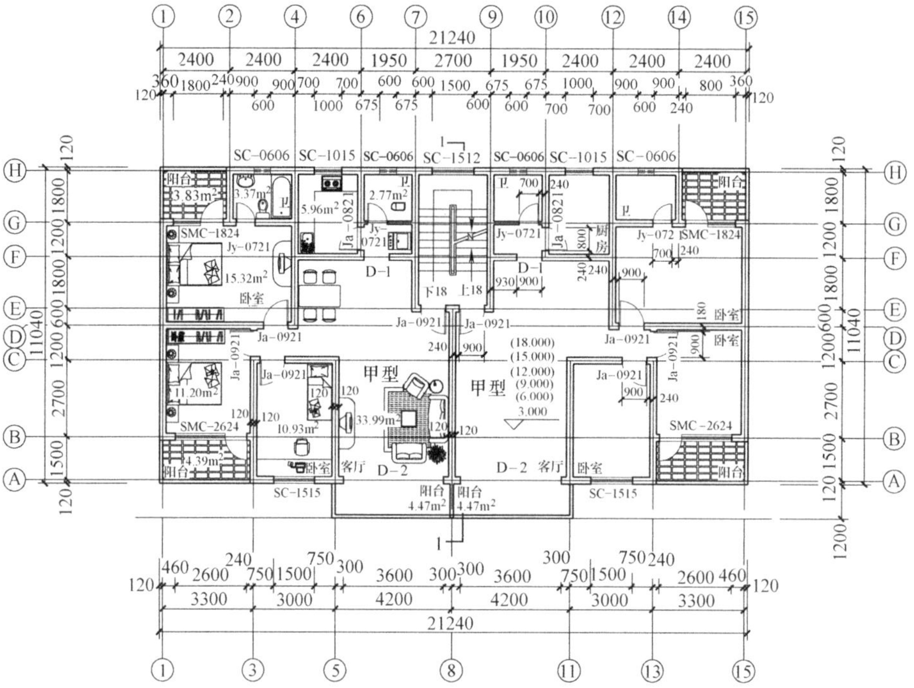

甲型二–七层平面图 1:100

图 2-2

任务一 运用 AutoCAD 2008 绘制建筑平面图

一、任务描述

通过对某门卫室平面图的绘图环境的设置及轴线、墙体、门窗、文字符号等的绘制，掌握 AutoCAD 2008 的主要绘图命令。

活动环境与工具

1. 活动环境

采用多媒体机房进行教学，每人一台计算机，老师课前安装好软件并逐台测试。

2. 资源准备

本节课教学前，教师将任务图纸、任务工单、国家制图规范准备好，确保 AutoCAD 2008 能正常运行，并提供一套较简单的平面图施工图纸（门卫室）、文字说明、图片幻灯片和视频资料。

任务分析

根据门卫室图纸要求设置绘图环境及图层，运用“直线”命令（L）、“双线”命令

(ML)、“矩形”命令（REC）及“偏移”“复制”“修剪”等修改命令绘制门卫室平面图。

运用“标注设置”命令D、画圆命令（C）及“文字”命令（T）等绘制平面图的文字及各种标注。

二、方法与步骤

1. 新建文件并设置绘图环境

1）打开AutoCAD 2008，新建一个空白文档并保存到指定存储盘。执行工具栏上的“图层特性管理器”（快捷键为：la），单击“新建图层”按钮新建5个图层，并按图2-3所示设置每个图层的名称、颜色、线型及线宽。

图　2-3

2）执行菜单中的“格式”—“图形界限”，设置左下角坐标为“0，0”，右上角坐标为“20000，20000”（估计图形所占用的空间，一般为总长或总宽的5倍）；再执行菜单中的“视图—缩放—全部”（快捷键为：z回车a回车）。

2. 绘制轴线

设置当前图层为“轴线”，单击键盘上的< F8 >，打开“正交”。运用工具栏上的“直线”命令（快捷键为：l），绘制一条长度约为7000的垂直线，如图2-4所示。

```
命令：l LINE（回车）指定第一点：（用鼠标左键在屏幕中单击任意一点）
指定下一点或［放弃(U)］：7000(回车)
指定下一点或［放弃(U)］：u(回车)
```

图　2-4

执行工具栏上的“偏移”命令（快捷键为：o），将垂直线向右偏移 4000，如图 2-5 所示。

```
命令：o OFFSET(回车)
指定偏移距离或［通过(T)］<10>：4000(回车)
选择要偏移的对象或 <退出>：(用鼠标左键单击第一条垂直线)
指定点以确定偏移所在一侧：(用鼠标左键单击第一条垂直线右侧)(回车)
```

图 2-5

同理，运用工具栏上“直线”命令（快捷键为：l），绘制一条长度约为 7000 的水平线；执行工具栏上的“偏移”命令（快捷键为：o），将水平线向下偏移 5000，完成轴线的绘制，如图 2-6 所示。

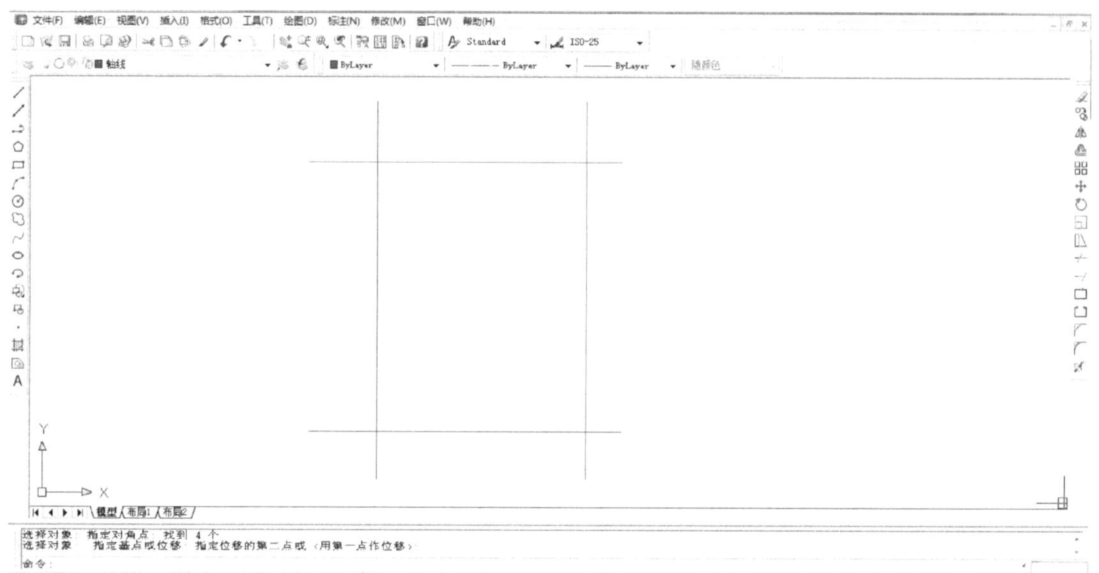

图 2-6

3. 绘制墙体及柱子

1）设置当前图层为“墙体”，执行“绘图—多线”（快捷键为：ml），设置比例为“200”，对正为“无”，如图 2-7 所示。

```
命令：ml MLINE(回车)
当前设置：对正 = 上，比例 = 1.00，样式 = STANDARD
指定起点或［对正(J)/比例(S)/样式(ST)］：s(回车)
输入多线比例 <1.00>：200(回车)
当前设置：对正 = 上，比例 = 200.00，样式 = STANDARD
指定起点或［对正(J)/比例(S)/样式(ST)］：j(回车)
输入对正类型［上(T)/无(Z)/下(B)］<上>：z(回车)
当前设置：对正 = 无，比例 = 200.00，样式 = STANDARD
指定起点或［对正(J)/比例(S)/样式(ST)］：
```

图 2-7

单击键盘上的<F3>，打开“对象捕捉”，捕捉四条轴线的交点绘制出墙体，如图2-8、图2-9和图2-10所示。

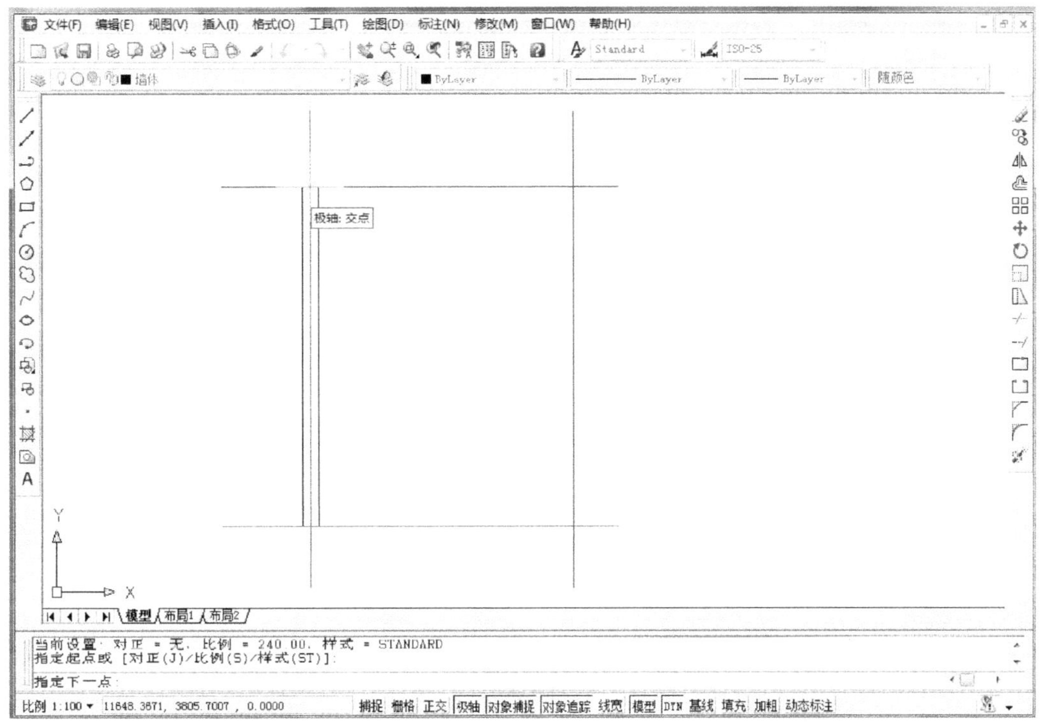

图　2-8

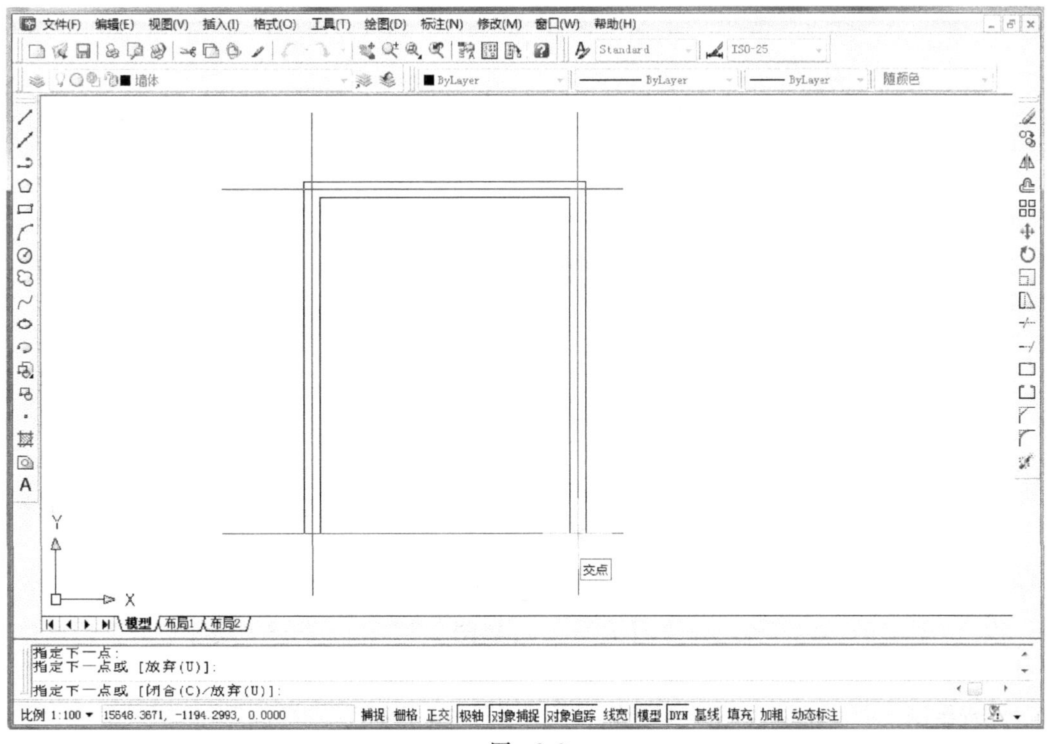

图　2-9

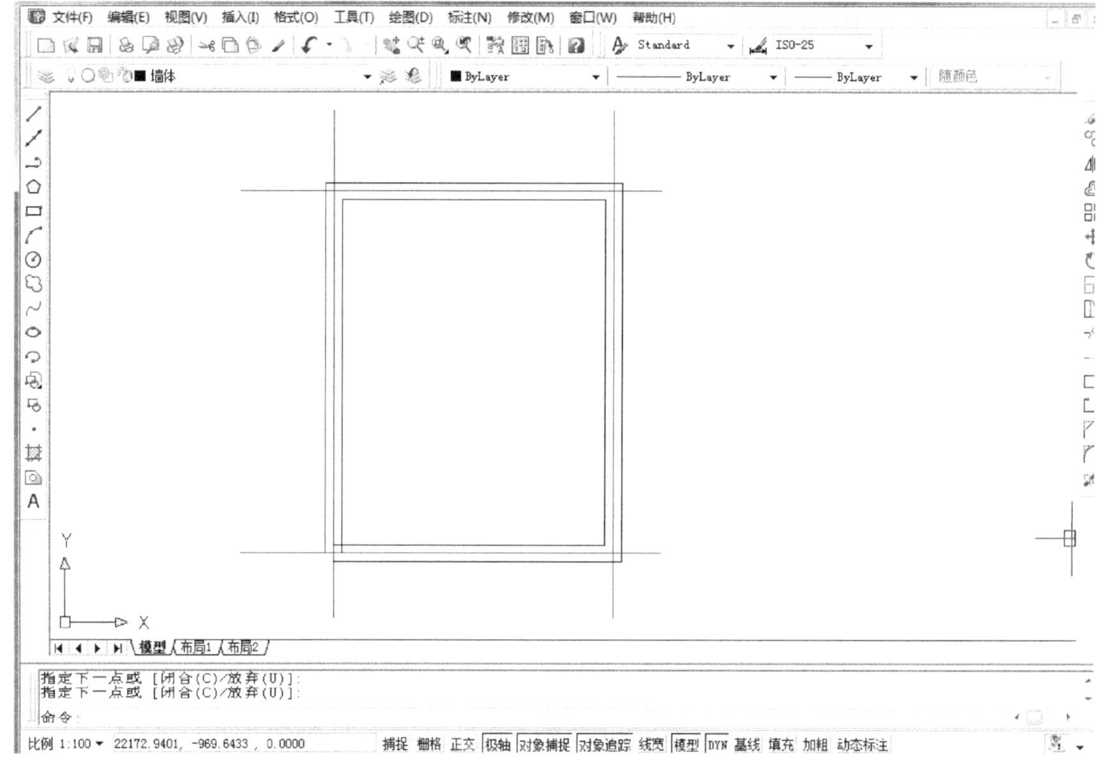

图 2-10

2）执行工具栏的“分解”命令（快捷键为：x），如图 2-11 所示。双线被分解为单线，才可进行修剪。

> 命令：*_explode*(回车)
> 选择对象：找到 *1* 个(用鼠标左键单击所绘制的双线墙体)

图 2-11

执行工具栏的“圆角”命令(快捷键为:f)，左键分别单击外墙的两条墙线，如图 2-12 所示。同理，再次执行“圆角”命令，分别单击内墙的两条墙线，墙体接头即整理完毕，如图 2-13所示。

3)执行工具栏的“双线”命令(快捷键为:ml)，如图 2-14 和图 2-15 所示，绘制其余墙体。

绘制完成分解后，再执行“直线”命令把双线封闭，如图 2-16 所示。

执行工具栏的“修剪”命令(快捷键为:tr)，如图 2-17 和图 2-18 所示，修剪整理墙体交叉处。

同理绘制下面一段墙体并整理完成。

4)执行工具栏的“矩形”命令(快捷键为:rec)，如图 2-19 所示，绘制柱子。

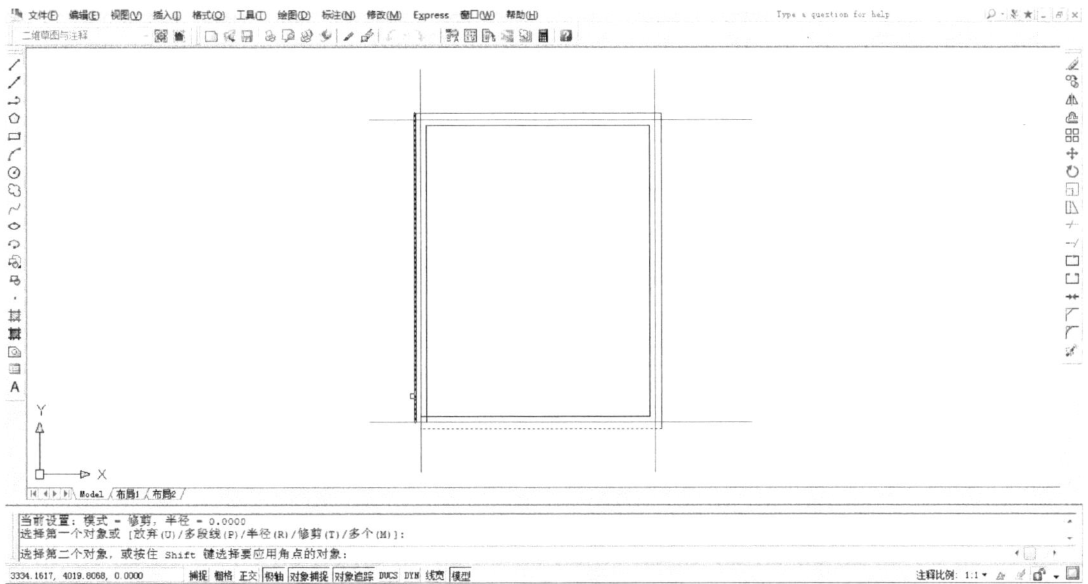
当前设置：模式 = 修剪，半径 = 0.0000
选择第一个对象或 [放弃(U)/多段线(P)/半径(R)/修剪(T)/多个(M)]:
选择第二个对象，或按住 Shift 键选择要应用角点的对象:

图 2-12

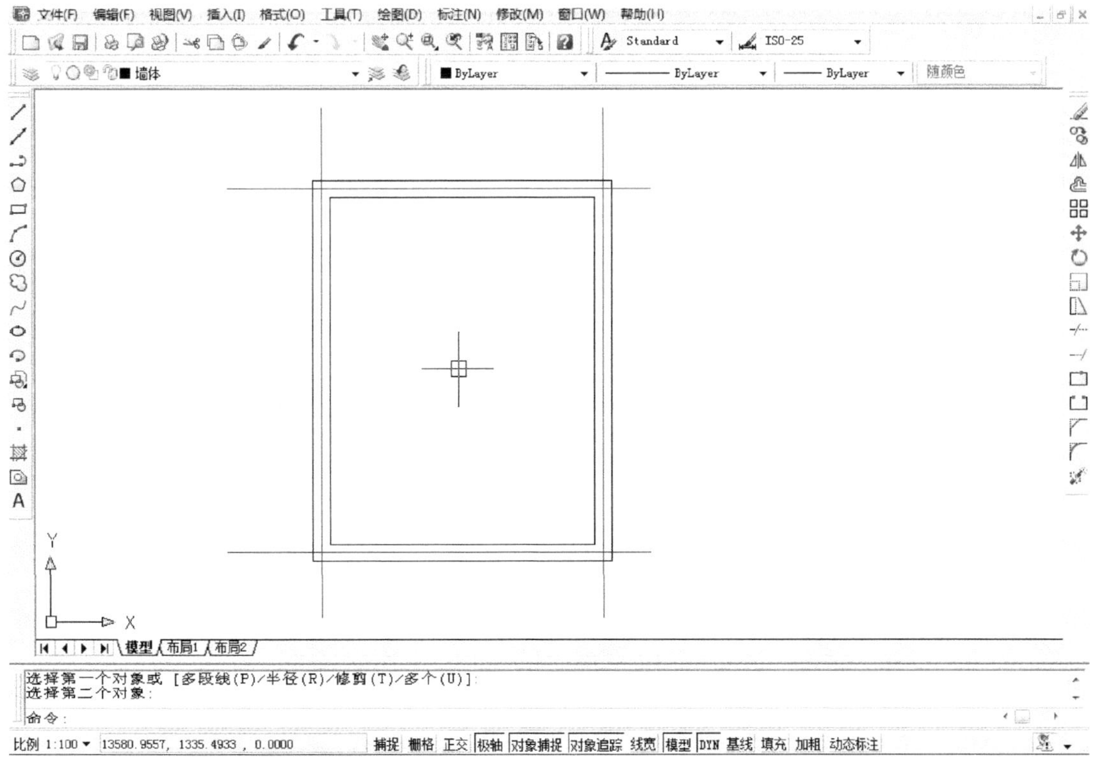
选择第一个对象或 [多段线(P)/半径(R)/修剪(T)/多个(U)]:
选择第二个对象:
命令:

图 2-13

命令：*ml MLINE*(回车)
当前设置：对正 = 无，比例 = *200.00*，样式 = *STANDARD*
指定起点或［对正(*J*)/比例(*S*)/样式(*ST*)］：(捕捉左上角轴线交点)
指定下一点： *700*(回车)
指定下一点或［放弃(*U*)］：(回车)

图 2-14

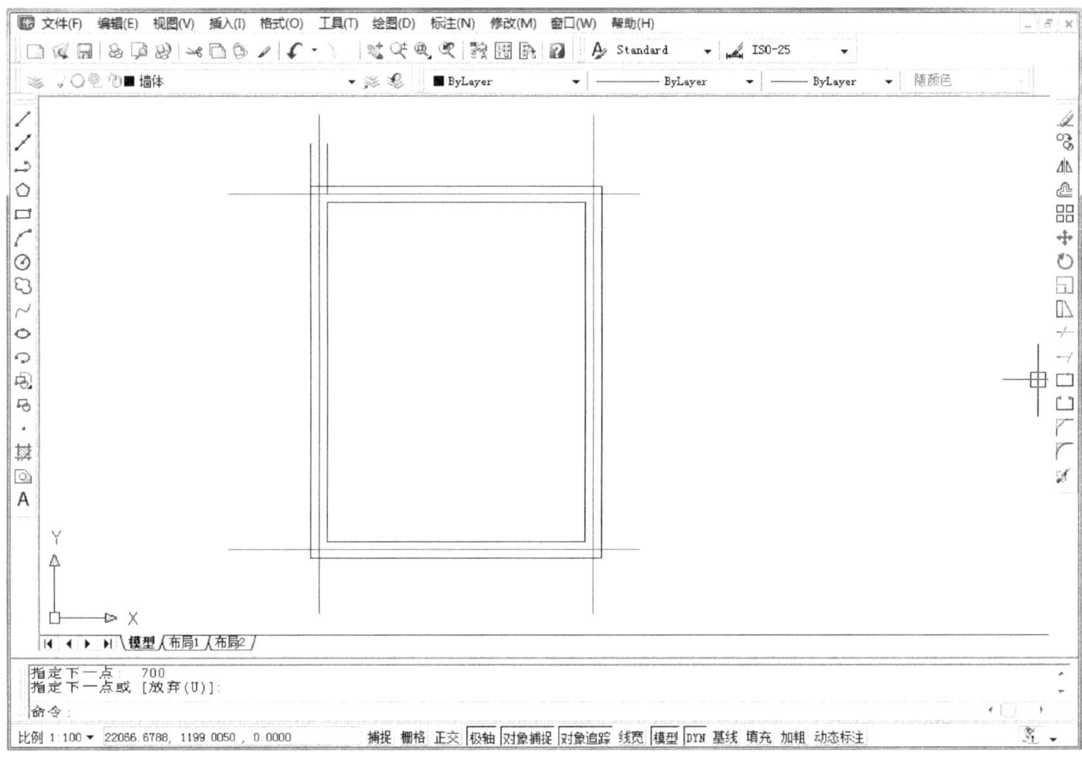

图 2-15

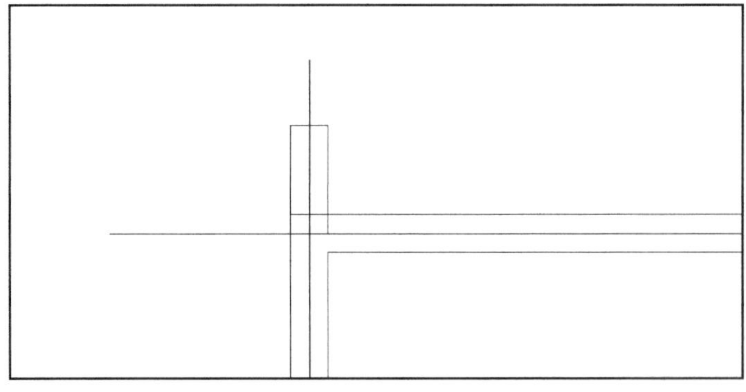

图 2-16

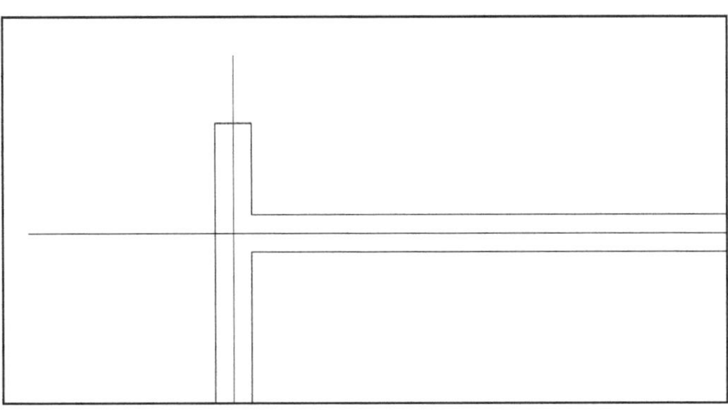

图　2-17

命令：_trim(回车)

当前设置：投影＝UCS，边＝无

选择剪切边...

选择对象：找到 1 个(用鼠标左键单击需要修剪的一条边)

选择对象：找到 1 个(用鼠标左键单击需要修剪的另一条边)，总计 2 个(回车)

选择对象：

选择要修剪的对象，或按住 *Shift* 键选择要延伸的对象，或［投影(*P*)/边(*E*)/放弃(*U*)］：(用鼠标左键单击需要修剪的边的不要部分)

选择要修剪的对象，或按住 *Shift* 键选择要延伸的对象，或［投影(*P*)/边(*E*)/放弃(*U*)］：(用鼠标左键单击需要修剪的另一条边的不要部分)

选择要修剪的对象，或按住 *Shift* 键选择要延伸的对象，或［投影(*P*)/边(*E*)/放弃(*U*)］：(回车)

图　2-18

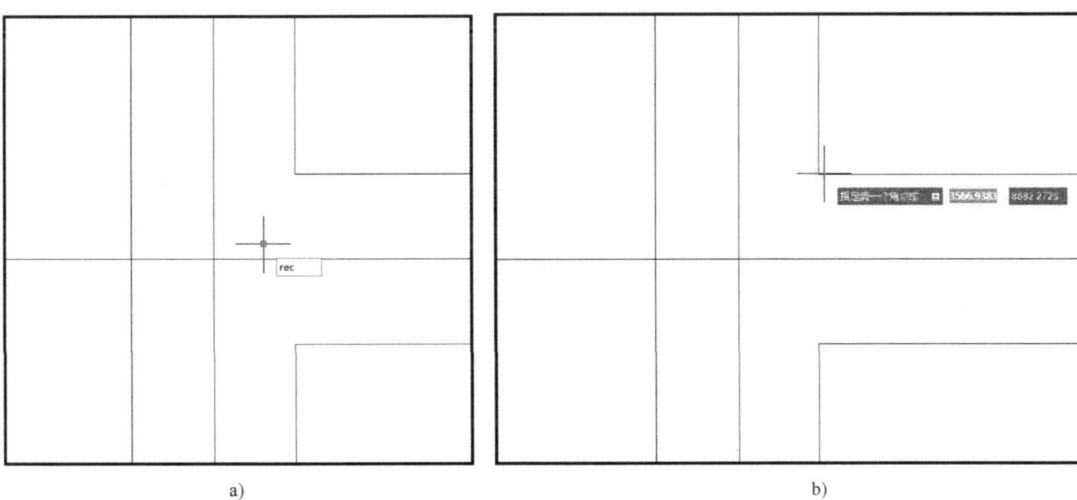

a)　　b)

图　2-19

c)　　d)

图 2-19（续）

同理，绘制出下方柱子。

执行工具栏的“复制”命令（快捷键为：co），同时选择左边两个柱子，指定位移为3000，如图 2-20 所示。

```
命令：co
COPY(回车)
选择对象：找到 1 个
选择对象：找到 1 个，总计 2 个(回车)
选择对象：
当前设置： 复制模式 = 多个
指定基点或［位移(D)/模式(O)］ <位移>：(用鼠标左键单击屏幕上任意一点)指定第二个点或<使用第一个点作为位移>：3000(回车)
指定第二个点或［退出(E)/放弃(U)］ <退出>：(回车)
```

图 2-20

4. 轴线及轴号标注

1）执行菜单中的“格式”—“标注样式”（快捷键为：d），打开“标注样式管理器”，单击“新建”按钮，输入新样式名为“平面标注”，如图 2-21 所示。单击“继续”，修改其余参数如图 2-22 所示。

单击“确定”，回到上一级，单击“平面标注”，并“置为当前”。

执行菜单中的“标注”—“线性”（快捷键为：dli），标注出轴线的尺寸，如图2-23和图 2-24 所示。

2）执行工具栏上的“直线”命令（快捷键为：l），如图 2-25 所示，绘制一条水平线，长度约为 600。

执行工具栏上的“圆”命令（快捷键为：o），圆心捕捉直线端点，半径输入：200。再执行工具栏上的“移动”命令（快捷键为：m），选择圆，基点点击直线与圆相交点，第二点单击直线端点，如图 2-26 所示。

标注样式管理器
当前标注样式：Standard
样式(S)：
预览：Standard
创建新标注样式
新样式名(N)：
平面标注
继续
基础样式(S)：
Standard
取消
帮助(H)
注释性(A)
用于(U)：
所有标注
列出(L)：
所有样式
不列出外部参照中的样式(D)
关闭
帮助(H)

图　2-21

新建标注样式：平面标注
线
符号和箭头
文字
调整
主单位
换算单位
公差
尺寸线
颜色(C)：
ByLayer
线型(L)：
ByBlock
线宽(G)：
ByBlock
超出标记(N)：
0.0000
基线间距(A)：
0.0000
隐藏：
尺寸线 1(M)
尺寸线 2(D)
1.0159
1.1955
2.0207
60°
R0.8045
尺寸界线
颜色(R)：
ByLayer
尺寸界线 1 的线型(I)：
ByBlock
尺寸界线 2 的线型(T)：
ByBlock
线宽(W)：
ByBlock
隐藏：
尺寸界线 1(1)
尺寸界线 2(2)
超出尺寸线(X)：
2.0000
起点偏移量(F)：
2.0000
固定长度的尺寸界线(O)
长度(E)：
1.0000
确定
取消
帮助(H)

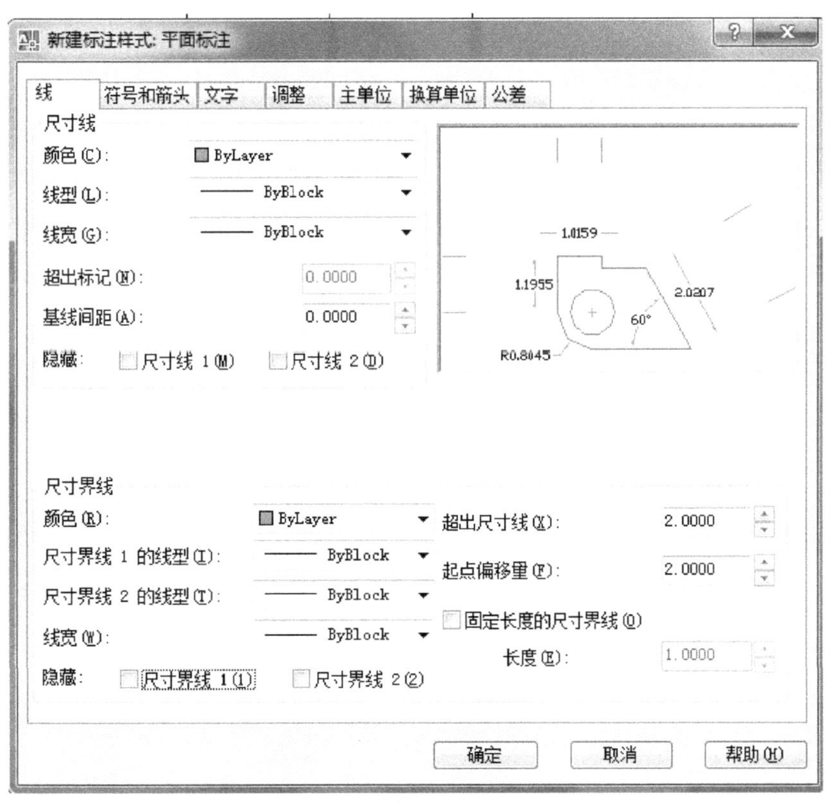

a)

图　2-22

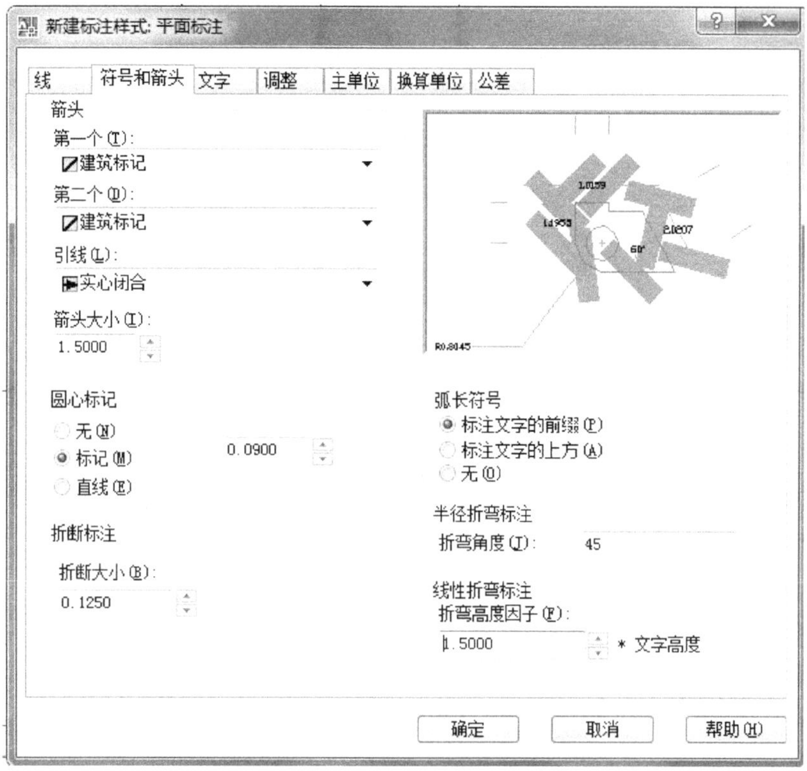

新建标注样式: 平面标注

线 | 符号和箭头 | 文字 | 调整 | 主单位 | 换算单位 | 公差

箭头
第一个(T):
建筑标记
第二个(D):
建筑标记
引线(L):
实心闭合
箭头大小(I):
1.5000

圆心标记
无(N)
标记(M) 0.0900
直线(E)

折断标注
折断大小(B):
0.1250

弧长符号
标注文字的前缀(P)
标注文字的上方(A)
无(O)

半径折弯标注
折弯角度(J): 45

线性折弯标注
折弯高度因子(F):
1.5000 * 文字高度

确定 取消 帮助(H)

b)

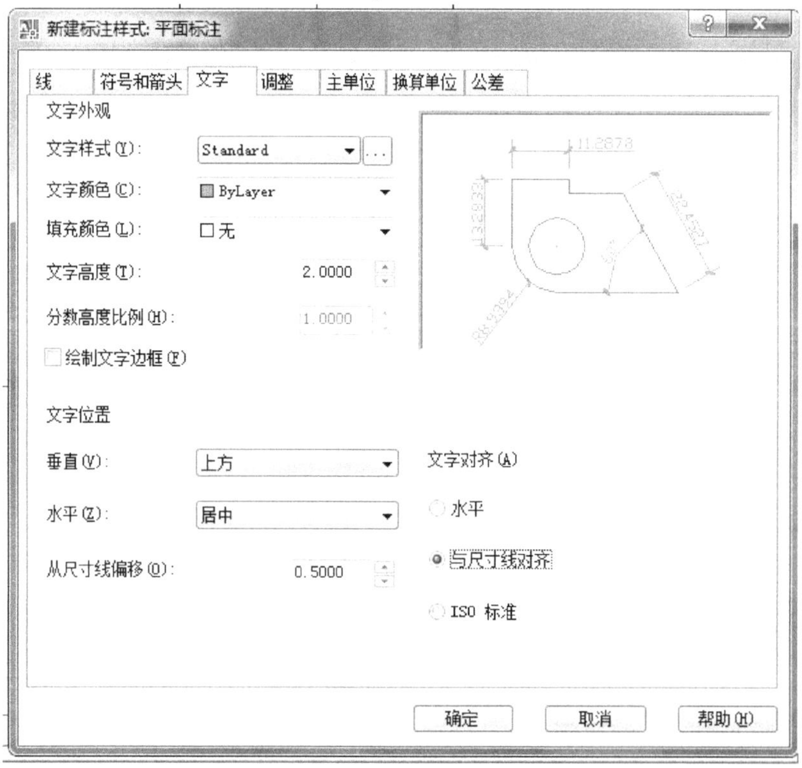

新建标注样式: 平面标注

线 | 符号和箭头 | 文字 | 调整 | 主单位 | 换算单位 | 公差

文字外观
文字样式(Y): Standard
文字颜色(C): ByLayer
填充颜色(L): 无
文字高度(T): 2.0000
分数高度比例(H): 1.0000
绘制文字边框(F)

文字位置
垂直(V): 上方
水平(Z): 居中
从尺寸线偏移(O): 0.5000

文字对齐(A)
水平
与尺寸线对齐
ISO 标准

确定 取消 帮助(H)

c)

图 2-22（续）

新建标注样式: 平面标注
线
符号和箭头
文字
调整
主单位
换算单位
公差
调整选项(F)
如果尺寸界线之间没有足够的空间来放置文字和箭头，那么首先从尺寸界线中移出:
文字或箭头 (最佳效果)
箭头
文字
文字和箭头
文字始终保持在尺寸界线之间
若箭头不能放在尺寸界线内，则将其消除
1128.7778
50°
文字位置
文字不在默认位置上时，将其放置在:
尺寸线旁边(B)
尺寸线上方，带引线(L)
尺寸线上方，不带引线(O)
标注特征比例
注释性(A)
将标注缩放到布局
使用全局比例(S):
100.0000
优化(T)
手动放置文字(P)
在尺寸界线之间绘制尺寸线(D)
确定
取消
帮助(H)

d)

新建标注样式: 平面标注
线
符号和箭头
文字
调整
主单位
换算单位
公差
线性标注
单位格式(U):
Decimal
精度(P):
0
分数格式(M):
Horizontal
小数分隔符(C):
'.' (Period)
舍入(R):
0.0000
前缀(X):
后缀(S):
测量单位比例
比例因子(E):
1.0000
仅应用到布局标注
消零
前导(L)
后续(T)
0 英尺(F)
0 英寸(I)
1129
1328
2245
50°
R894
角度标注
单位格式(A):
Decimal Degrees
精度(O):
0
消零
前导(D)
后续(N)
确定
取消
帮助(H)

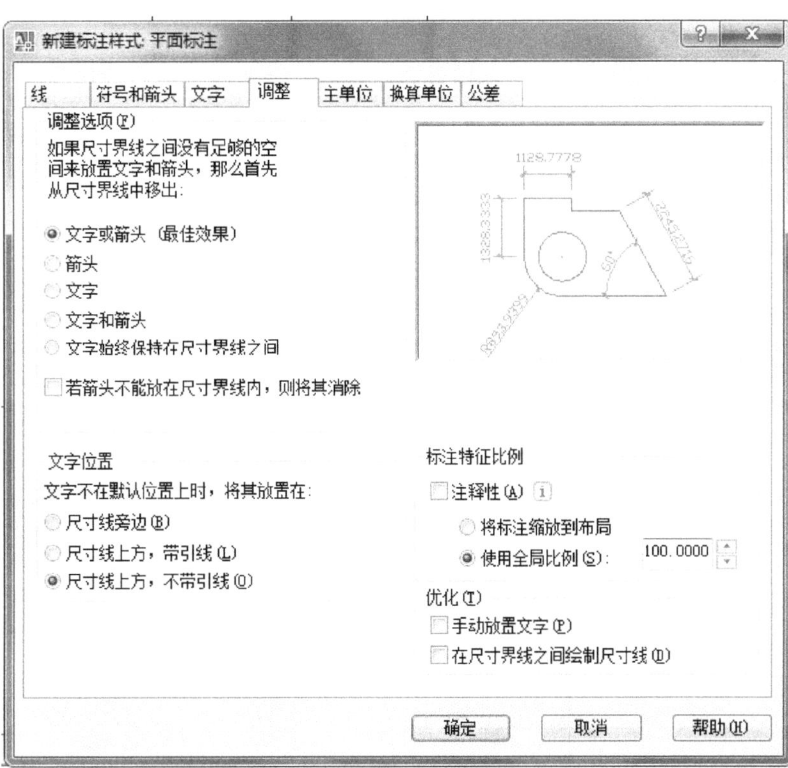

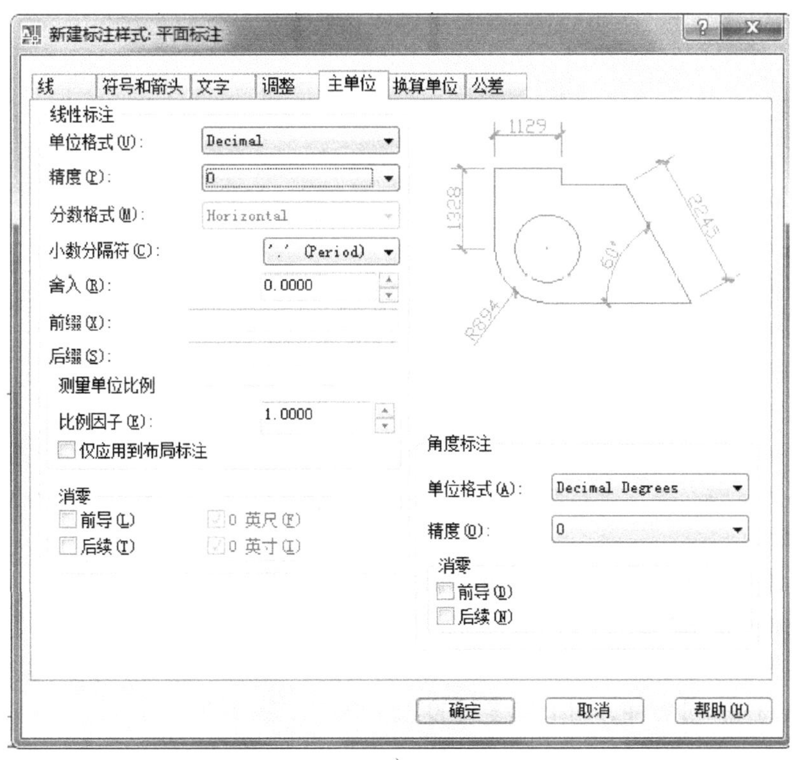

e)

图　2-22（续）

```
命令：dli(回车)
DIMLINEAR
指定第一条尺寸界线原点或 <选择对象>:(用鼠标左键单击标注的第一点)
指定第二条尺寸界线原点:(用鼠标左键单击标注的第二点,注意两点要在一条水平线上)
指定尺寸线位置或
[多行文字(M)/文字(T)/角度(A)/水平(H)/垂直(V)/旋转(R)]:(往外拉出合适长度)
标注文字 = 4000
```

图 2-23

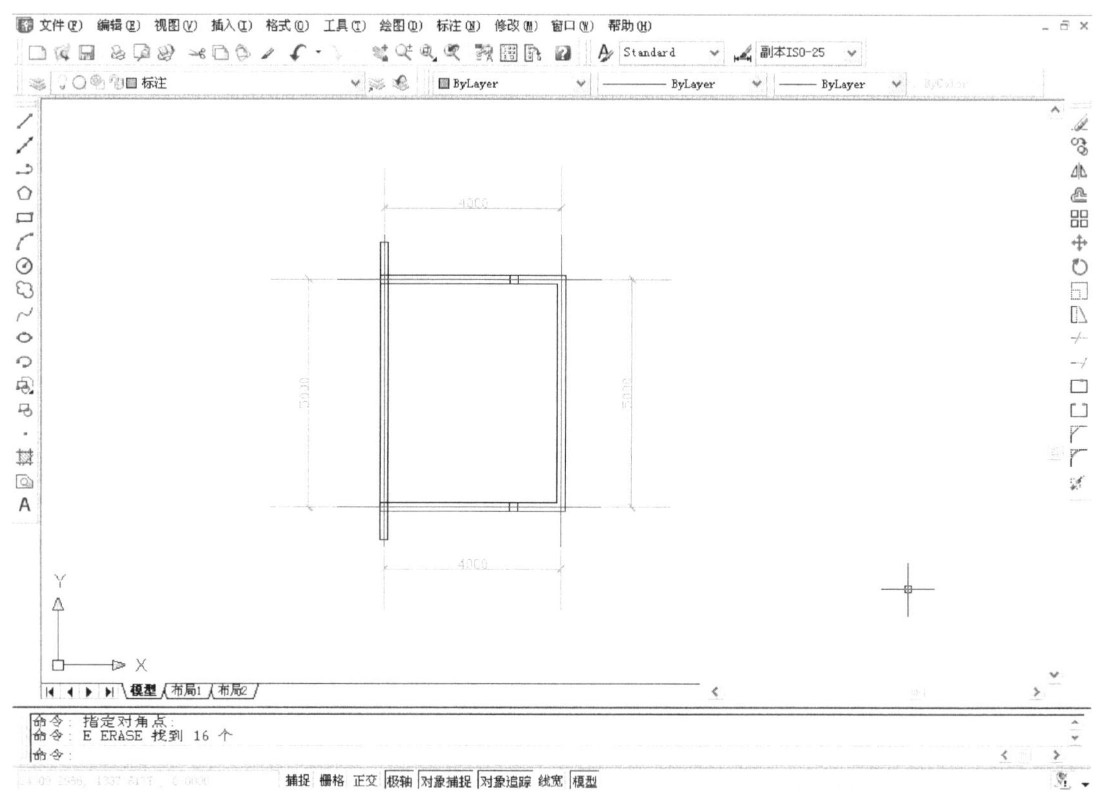

图 2-24

3）执行工具栏上的“多行文字”命令（快捷键为：t），在圆中输入轴号：“B”，如图 2-27和图 2-28 所示。

同理，绘制出其余轴号，完成后如图 2-29 所示。

5. 根据前一部分所绘图形以及图纸的尺寸，修剪出门窗洞口

1）继续前一部分绘制的平面图，执行工具栏上的“偏移”命令（快捷键为：o），选择 *A* 轴线，按照门窗尺寸标注，向上偏移 1900 及 1200，如图 2-30 所示。

执行工具栏上的“修剪”命令（快捷键为：tr），选择需要修剪的所有线条和边界线，确定后再选择需要剪掉的线，步骤如图 2-31 所示。

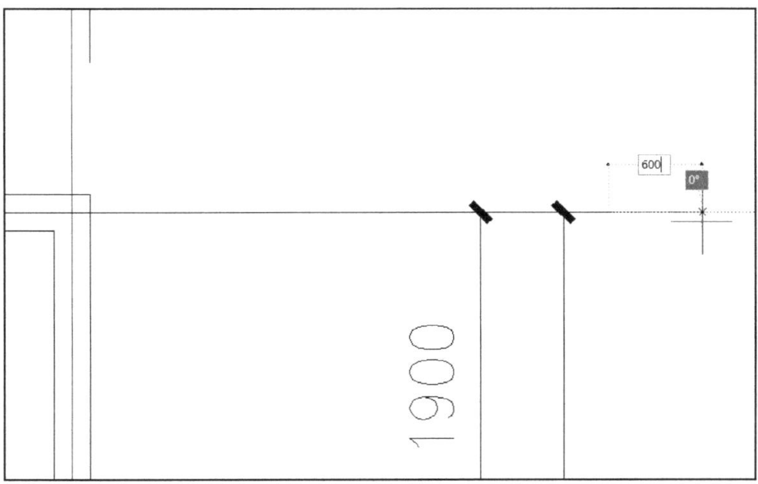

图　2-25

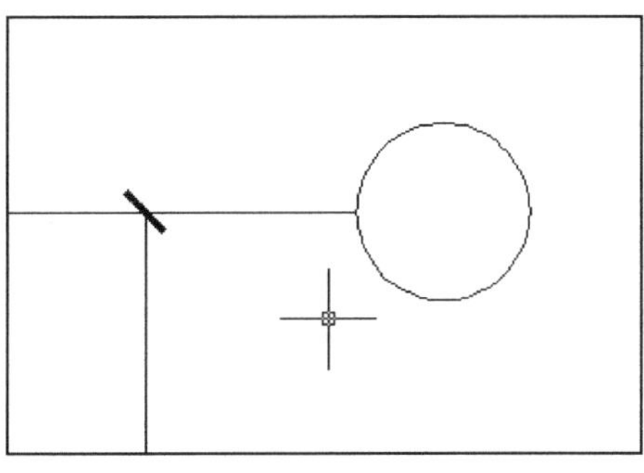

图　2-26

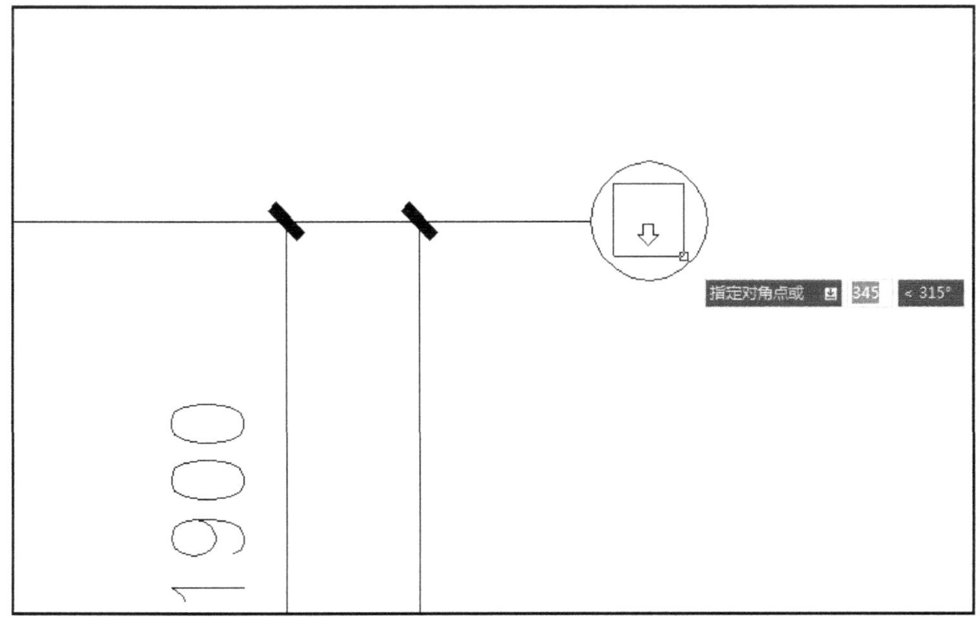

图　2-27

文字格式
STANDARD
宋体
250
确定

图 2-28

文件(F) 编辑(E) 视图(V) 插入(I) 格式(O) 工具(T) 绘图(D) 标注(N) 修改(M) 窗口(W) 帮助(H)
Standard
副本ISO-25
标注
ByLayer
4000
5000
模型 布局1 布局2
命令： '_pan
按 Esc 或 Enter 键退出，或单击右键显示快捷菜单。
命令：
捕捉 栅格 正交 极轴 对象捕捉 对象追踪 线宽 模型

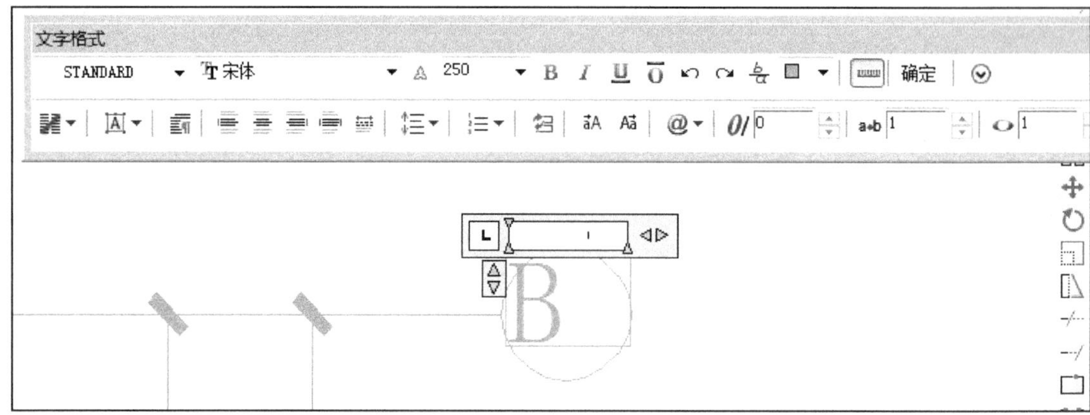

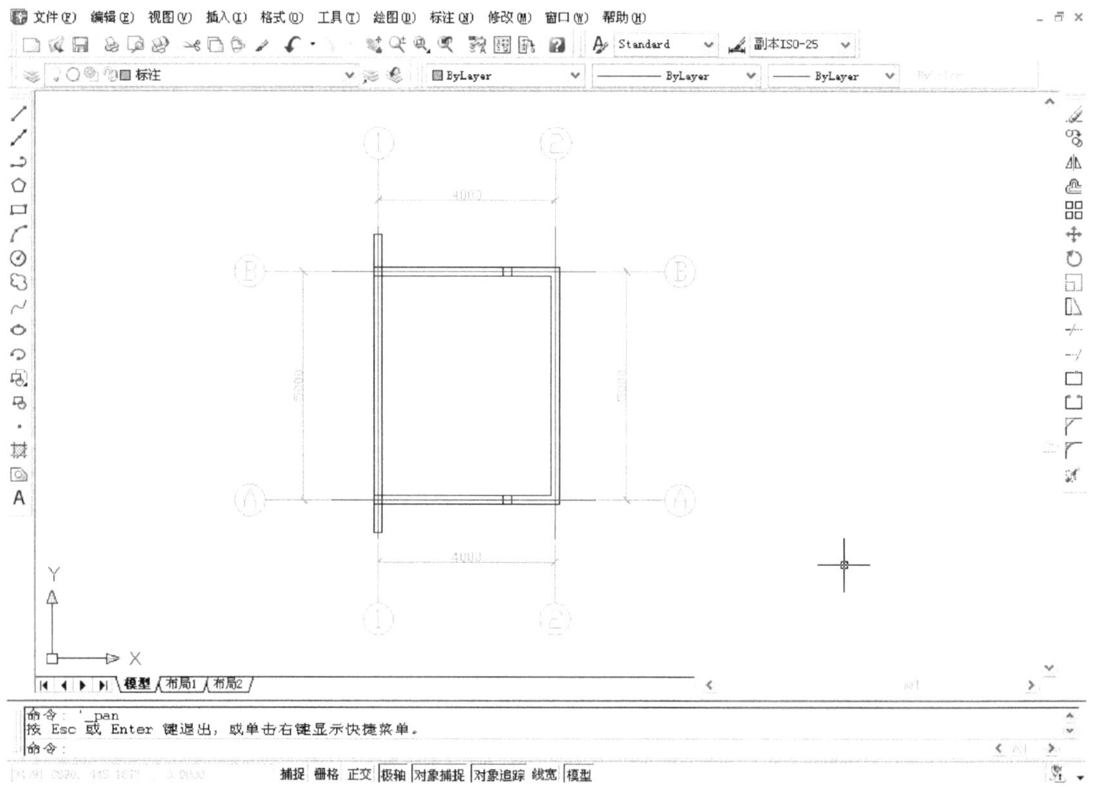

图 2-29

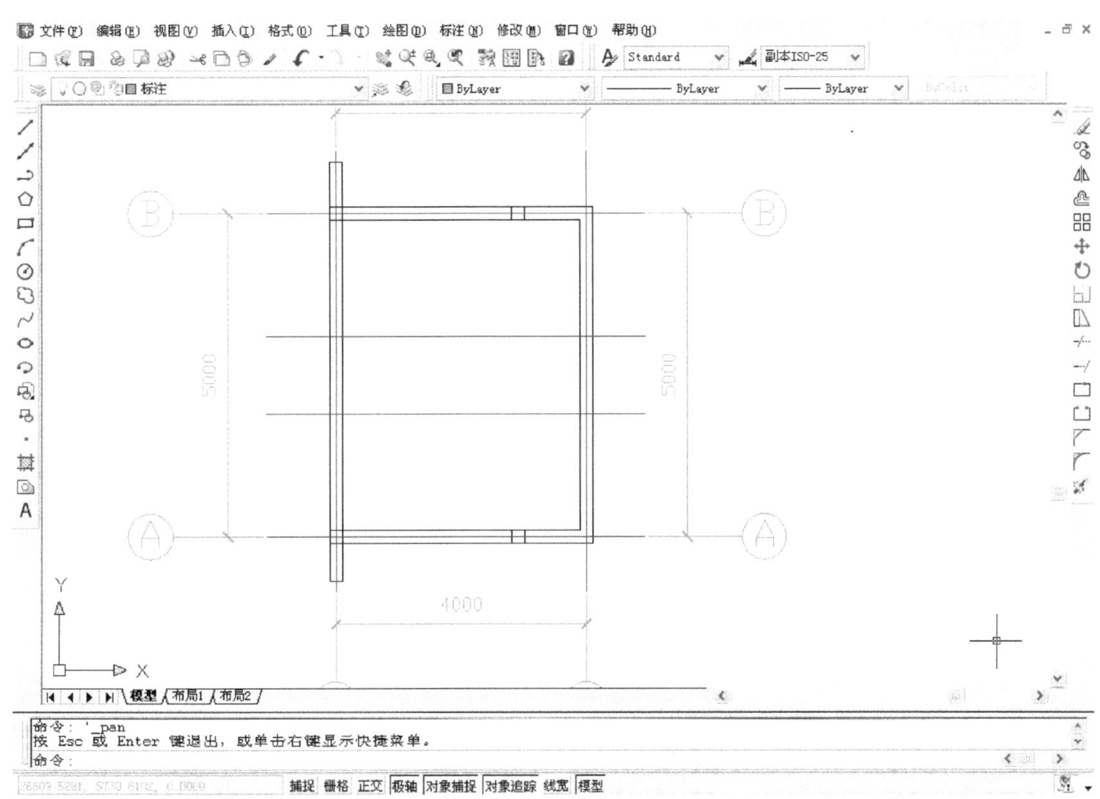

图　2-30

命令：*tr*
TRIM
当前设置：投影 = *UCS*，边 = 无
选择剪切边...
选择对象或 <全部选择>：　找到 *1* 个
选择对象：找到 *1* 个，总计 *2* 个
选择对象：找到 *1* 个，总计 *3* 个
选择对象：找到 *1* 个，总计 *4* 个(用鼠标左键单击需要选修剪的墙体及偏移的两条轴线)
选择对象：(回车)
选择要修剪的对象，或按住 *Shift* 键选择要延伸的对象，或
[栏选(*F*)/窗交(*C*)/投影(*P*)/边(*E*)/删除(*R*)/放弃(*U*)]：(用鼠标左键单击需要选修剪的墙体)
选择要修剪的对象，或按住 *Shift* 键选择要延伸的对象，或
[栏选(*F*)/窗交(*C*)/投影(*P*)/边(*E*)/删除(*R*)/放弃(*U*)]：(用鼠标左键单击需要选修剪的墙体)
选择要修剪的对象，或按住 *Shift* 键选择要延伸的对象，或
[栏选(*F*)/窗交(*C*)/投影(*P*)/边(*E*)/删除(*R*)/放弃(*U*)]：(回车)

图　2-31

2）设置当前图层为“墙体”，修剪完后删除偏移的轴线，并执行“直线”命令，完成洞口的绘制，如图 2-32 所示。

3）同理，根据门窗尺寸，修剪出其余门窗洞口，如图 2-33 所示。注意修剪时要仔细，不要误选不需要修剪的线条。如果修剪错误，可用快捷方式〈ctrl〉+〈z〉撤销操作，返回上一步。

文件(F) 编辑(E) 视图(V) 插入(I) 格式(O) 工具(T) 绘图(D) 标注(N) 修改(M) 窗口(W) 帮助(H)
Standard
副本ISO-25
标注
ByLayer
B
A
5000
4000
模型
布局1
布局2
命令: '_pan
按 Esc 或 Enter 键退出，或单击右键显示快捷菜单。
命令:
捕捉 栅格 正交 极轴 对象捕捉 对象追踪 线宽 模型

图 2-32

文件(F) 编辑(E) 视图(V) 插入(I) 格式(O) 工具(T) 绘图(D) 标注(N) 修改(M) 窗口(W) 帮助(H)
Standard
副本ISO-25
标注
ByLayer
1
2
4000
B
A
5000
模型
布局1
布局2
命令: '_pan
按 Esc 或 Enter 键退出，或单击右键显示快捷菜单。
命令:
捕捉 栅格 正交 极轴 对象捕捉 对象追踪 线宽 模型

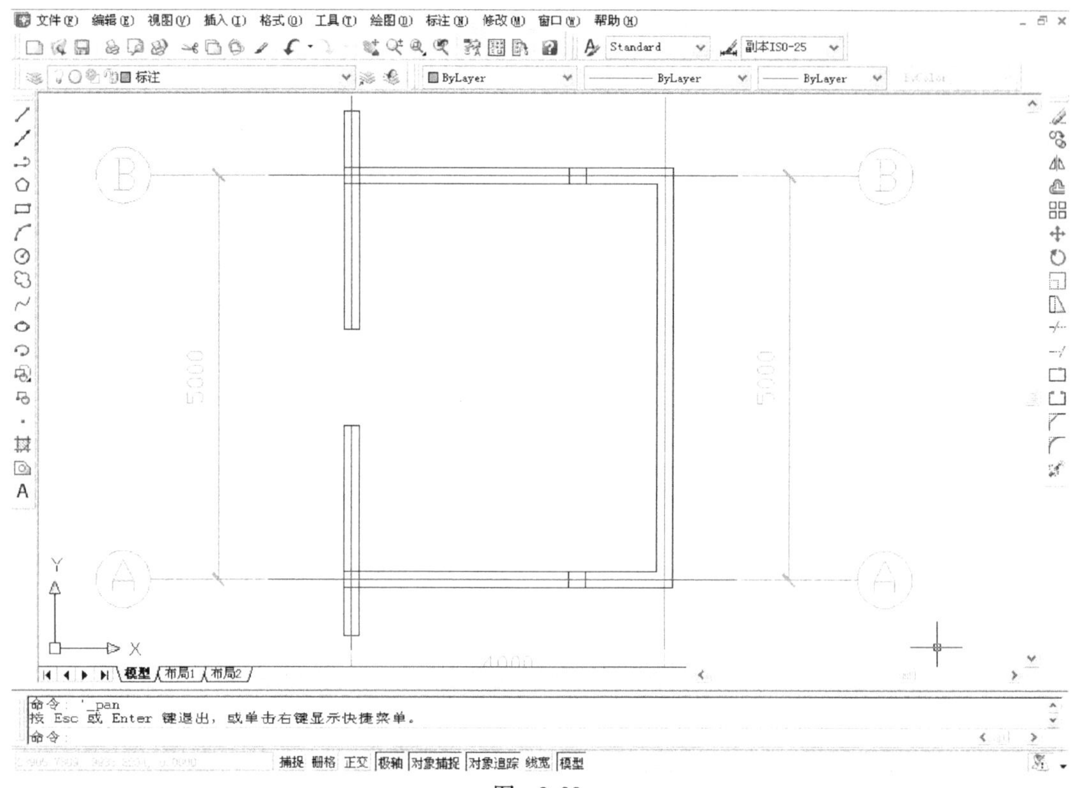

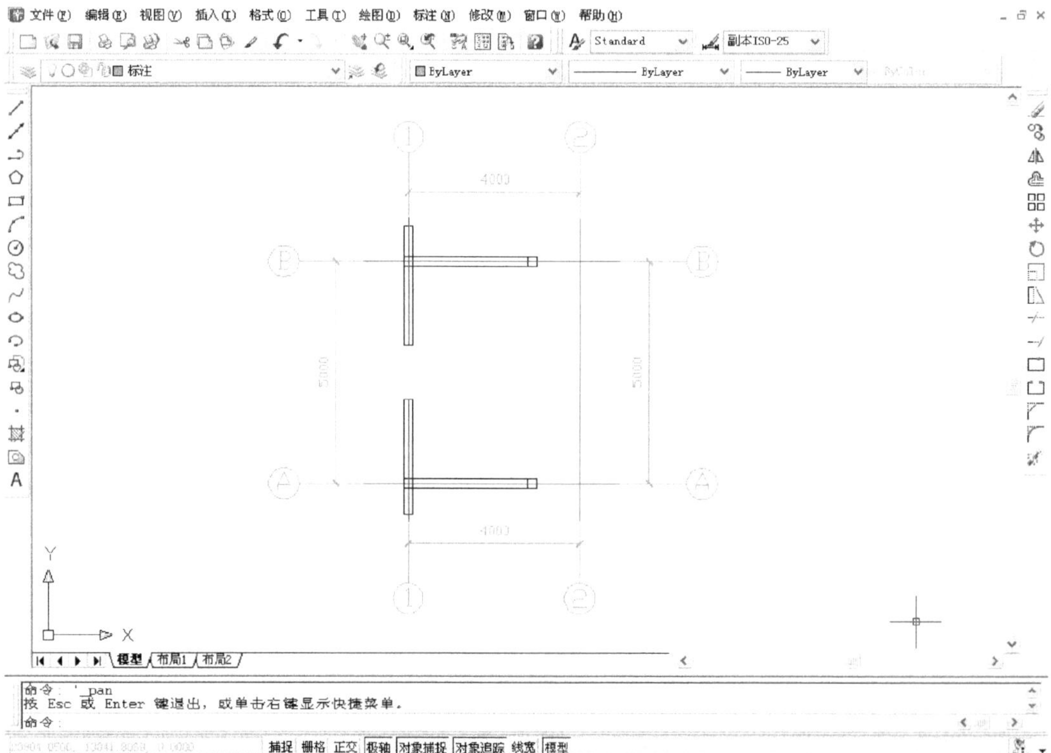

图 2-33

6. 绘制门窗及构件

1）设置当前图层为“门窗”，执行“直线”命令（快捷键为：l）及“偏移”命令（快捷键为：o），绘制窗户。

绘制有直角转角的窗户时，偏移后，转角处可执行“圆角”命令（快捷键为：f），完成转角处的连接编辑，如图 2-34 所示。

2）执行“矩形”命令（快捷键为：rec）及“弧线”命令（快捷键为：a），绘制门。绘制门扇如图 2-35 和图 2-36 所示。

绘制门的轨迹线，执行“弧线”命令（快捷键为：a），步骤如图 2-37 和图 2-38 所示。

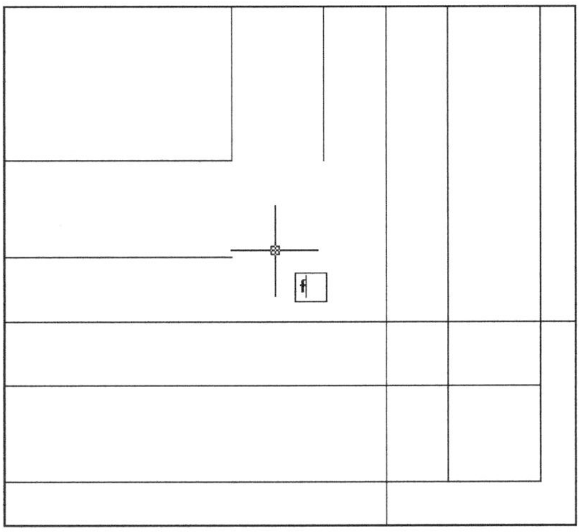

a)

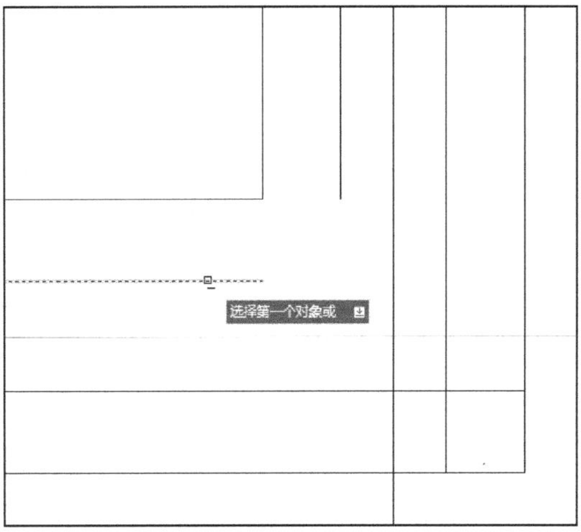

b)

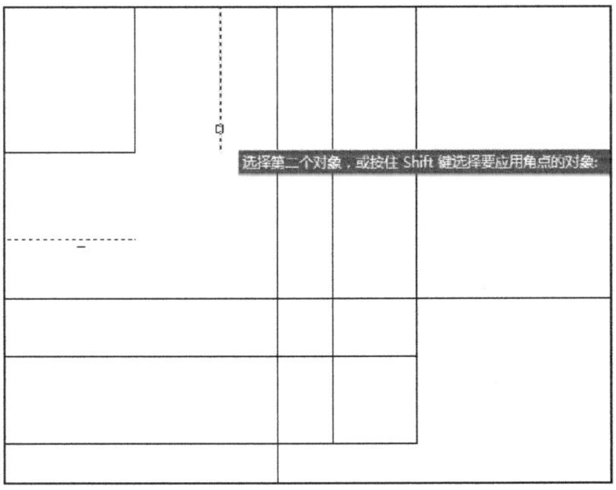

c)

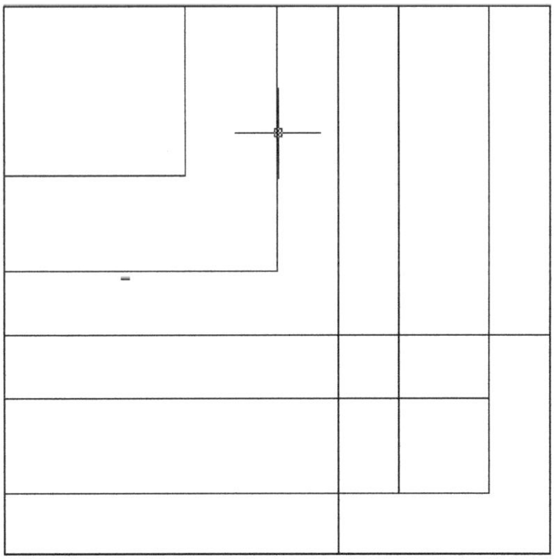

d)

命令：*f*
FILLET
当前设置：模式 = 修剪，半径 = *0*
选择第一个对象或［放弃（*U*）/多段线（*P*）/半径（*R*）/修剪（*T*）/多个（*M*）］：（用鼠标左键单击选择需要倒角的一条直线）
选择第二个对象，或按住 *Shift* 键选择要应用角点的对象：（用鼠标左键单击选择另一条需要倒角的直线）

e)

图　2-34

命令: *rec*
RECTANG
指定第一个角点或 [倒角(*C*)/标高(*E*)/圆角(*F*)/厚度(*T*)/宽度(*W*)]:
指定另一个角点或 [面积(*A*)/尺寸(*D*)/旋转(*R*)]: *d*
指定矩形的长度 <*45*>: *45*(输入矩形的长度)
指定矩形的宽度 <*900*>: *900*(输入矩形的宽度)
指定另一个角点或 [面积(*A*)/尺寸(*D*)/旋转(*R*)]:(回车)

图 2-35

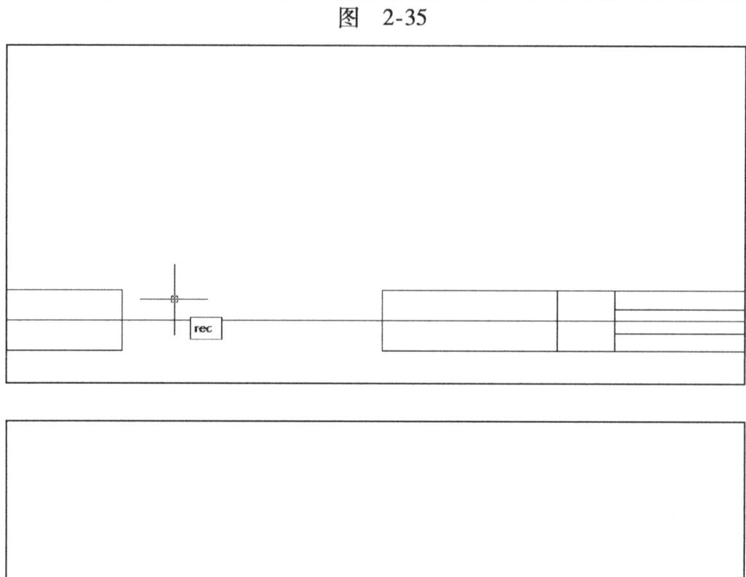

a)

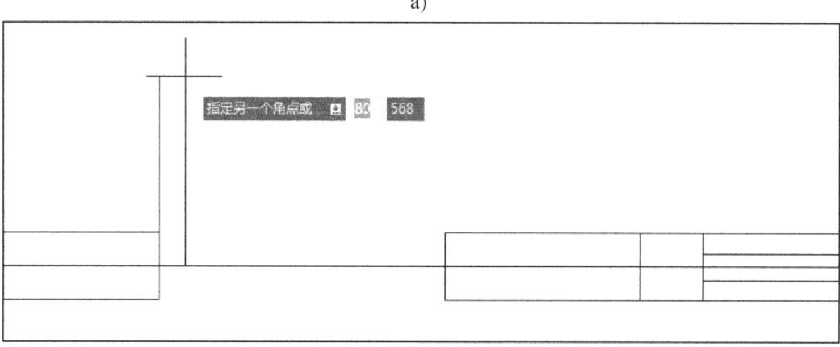

b)

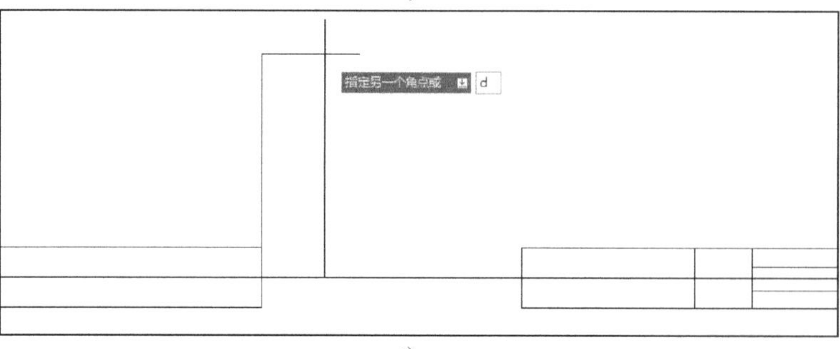

c)

图 2-36

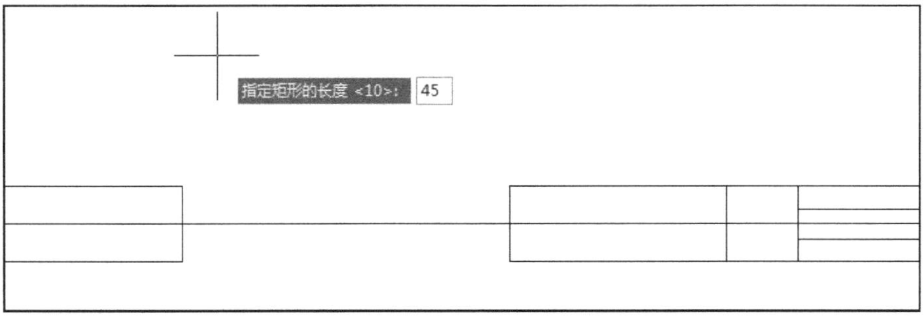

d)

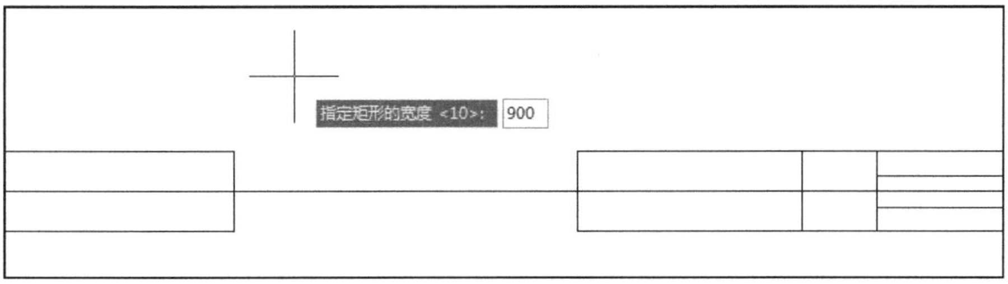

e)

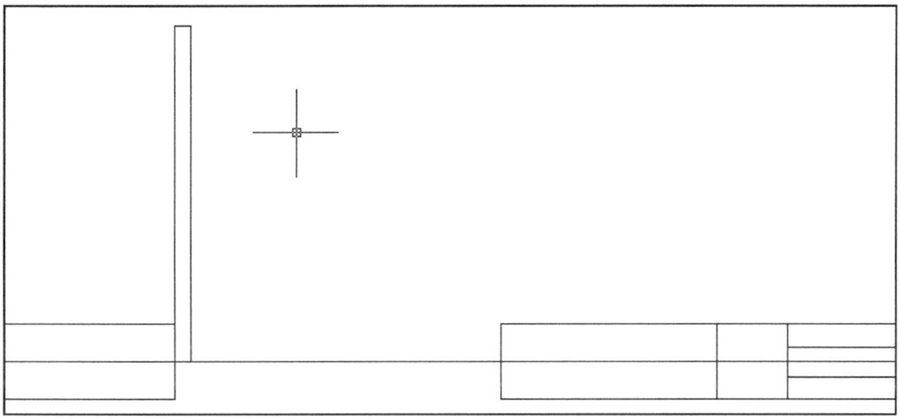

f)

图　2-36（续）

命令：*a* *ARC* 指定圆弧的起点或［圆心(*C*)］:(墙体)(图 *2-38a*) 指定圆弧的第二个点或［圆心(*C*)/端点(*E*)］:(图 *2-38b*) 指定圆弧的端点:(图 *2-38c* 和图 *2-38d*) 绘制

图　2-37

3）设置当前图层为“室外附属工程”，执行“直线”命令（快捷键为：l），绘制室外的台阶及花坛线，如图 2-39 所示。

7. 标注门窗尺寸

设置当前图层为“标注”，执行菜单中的“格式”—“标注样式”（快捷键为：d），打开标注样式管理器，单击“平面标注”（之前已经完成了样式的设置），并单击“置为当前”。

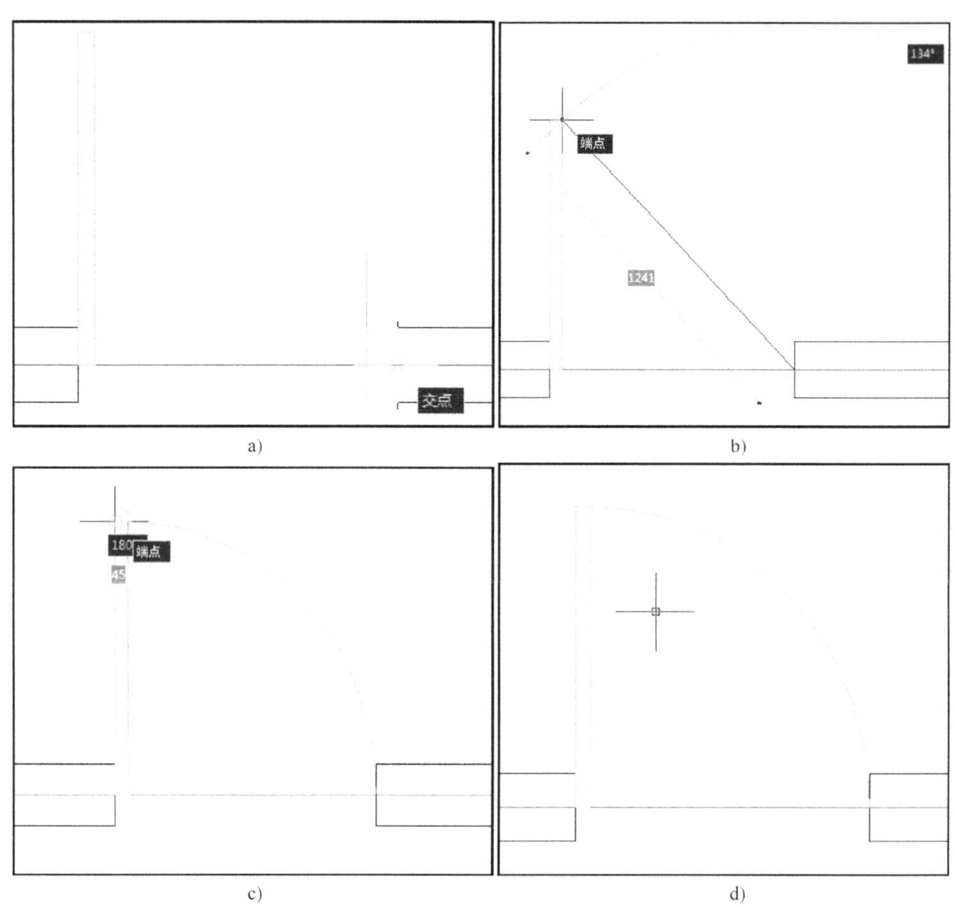

图 2-38

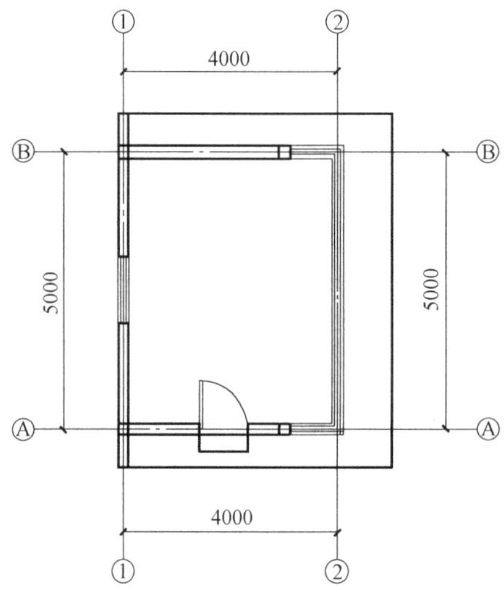

图 2-39

执行菜单中的“标注”—“线性”（快捷键为：dli），标注出门窗的尺寸，如图 2-40 所示。

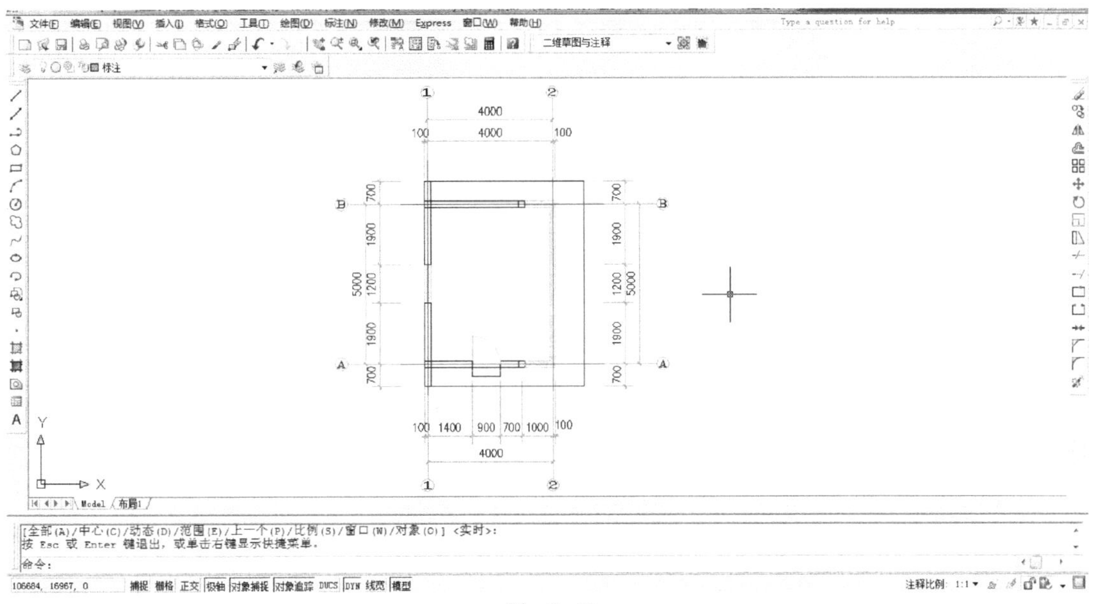

图　2-40

8. 填充墙体

设置当前图层为“墙体”，执行工具条的“填充”命令（快捷键为：h）。打开“图案填充和渐变色”对话框，单击“样例”，打开填充图案选项板，选择其他预定义中的“SOLID”。返回对话框，单击“添加：拾取点”，如图 2-41 所示。单击需要填充的内部，并确定，如图 2-42 所示。

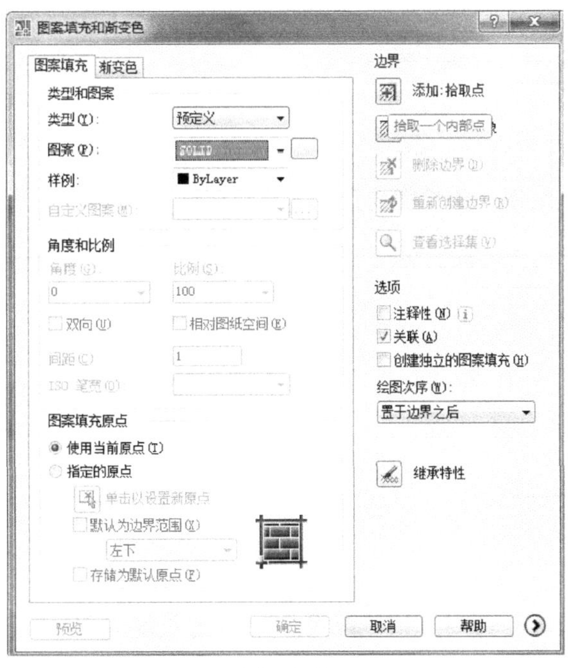

图　2-41

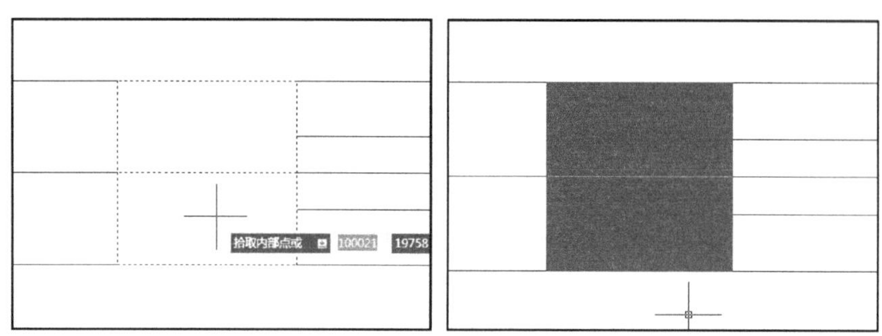

图 2-42

9. 绘制符号及图框

1）标高符号。设置当前图层为“标注”，执行工具栏上的“直线”命令（快捷键为：l)，绘制一条长度约为 1200 的水平线，如图 2-43 和图 2-44 所示。

命令：*l LINE*（回车）指定第一点：（用鼠标左键在屏幕中单击任意一点）指定下一点或［放弃(*U*)］：*1200*(回车)

指定下一点或［放弃(*U*)］:*u*(回车)

图 2-43

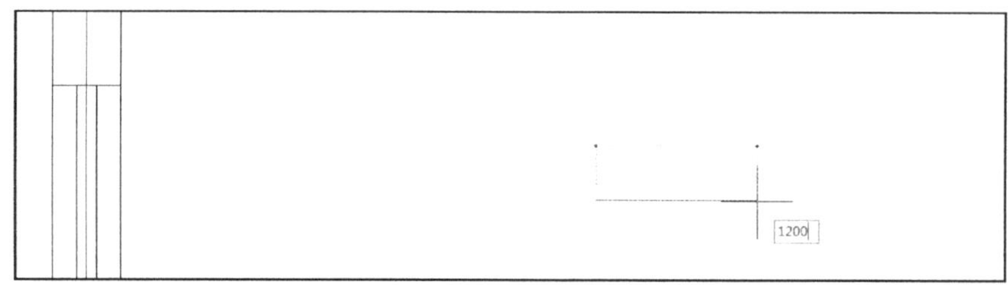

图 2-44

同理，从直线起点绘制一条长度约为 250 的垂直线，如图 2-45 所示。

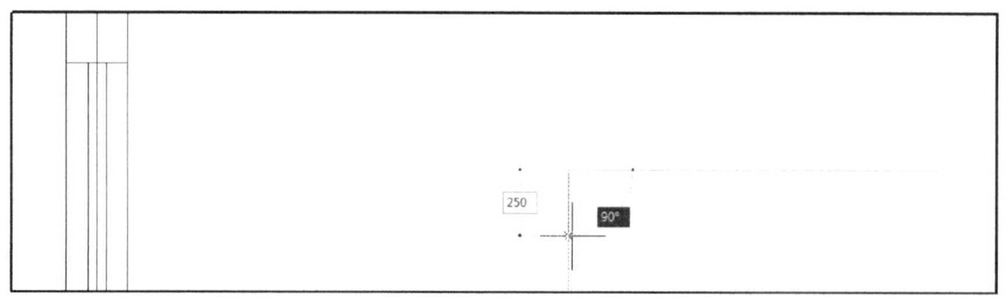

图 2-45

执行工具栏上“旋转”命令（快捷键为：ro)，把长度为 250 的垂直线以起点为圆心逆时针旋转 45°，如图 2-46 所示。

```
命令：ro
ROTATE
UCS 当前的正角方向：  ANGDIR = 逆时针   ANGBASE = 0
选择对象：找到 1 个
选择对象：(选择需要旋转的直线)
指定基点：(用鼠标左键单击旋转的圆心)
指定旋转角度,或［复制(C)/参照(R)］<45>：  45(输入旋转角度)
```

图　2-46

执行工具栏上的“镜像”命令（快捷键为：mi），把旋转后的直线以垂直方向为镜像轴进行镜像，如图 2-47 和图 2-48 所示。

```
命令：mi
MIRROR
选择对象：找到 1 个(选择旋转后的直线)
选择对象：(回车)
指定镜像线的第一点：指定镜像线的第二点：(用鼠标左键单击镜像轴上的任意两点)
要删除源对象吗？［是(Y)/否(N)］<N>：(回车)
```

图　2-47

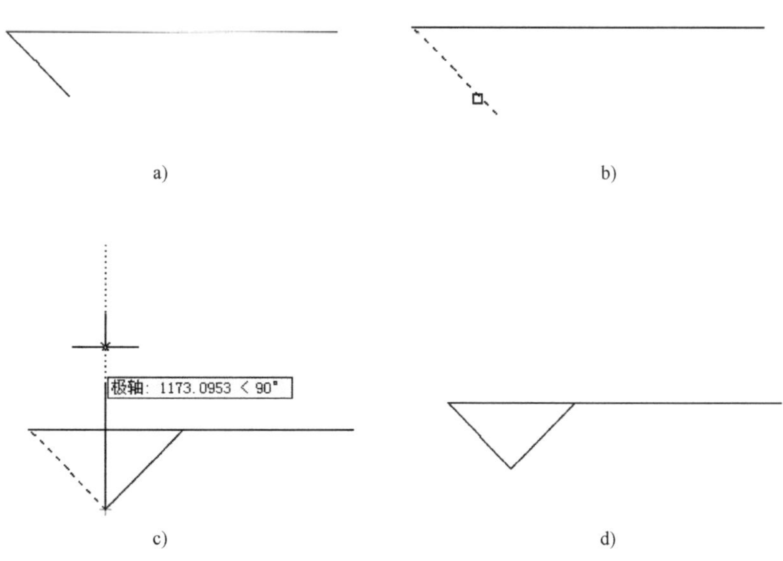

图　2-48

执行工具栏的“多行文字”命令（快捷键为：t），在标高符号直线上方输入数字：±0.000，并设置文字高度为 250，字体为宋体，如图 2-49 和图 2-50 所示。

2）剖切符号。执行工具栏上的“多段线”命令（快捷键为：pl），绘制一条宽度约为 30 的剖切线，如图 2-51 所示。

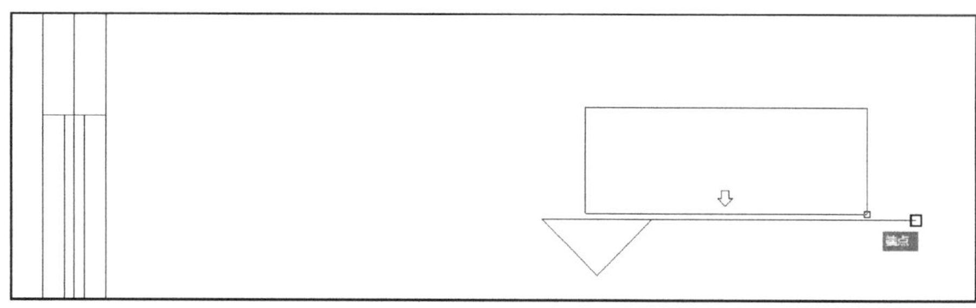

图 2-49

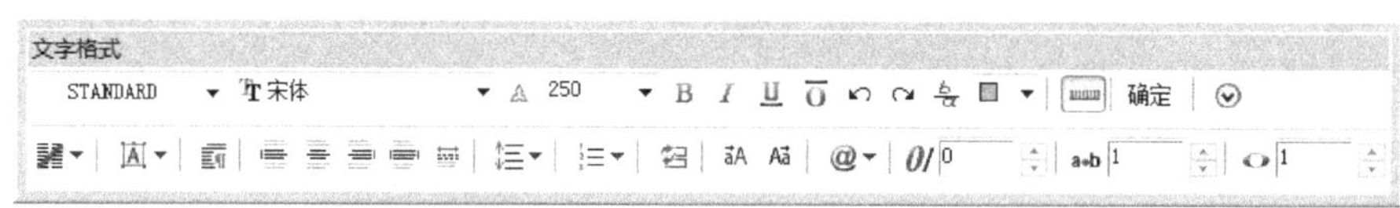

图 2-50

命令：*pl*
PLINE
指定起点：（用鼠标左键单击需要剖切的位置）
当前线宽为 *0*
指定下一个点或［圆弧（*A*）/半宽（*H*）/长度（*L*）/放弃（*U*）/宽度（*W*）］：*w*（输入字母 *w* 更改线宽）
指定起点宽度 <*0*>：*30*（输入起点线宽）
指定端点宽度 <*30*>：*30*（输入终点线宽）
指定下一个点或［圆弧（*A*）/半宽（*H*）/长度（*L*）/放弃（*U*）/宽度（*W*）］：*600*
指定下一点或［圆弧（*A*）/闭合（*C*）/半宽（*H*）/长度（*L*）/放弃（*U*）/宽度（*W*）］：*360*
指定下一点或［圆弧（*A*）/闭合（*C*）/半宽（*H*）/长度（*L*）/放弃（*U*）/宽度（*W*）］：（回车）

图 2-51

执行工具栏的“多行文字”命令（快捷键为：t），在剖切线头输入数字 1。同理，绘制其余剖切符号及门窗编号等，完成后如图 2-52 ~ 图 2-55 所示。

3）图框。执行工具栏上的“量距”命令（快捷键为：di），量取两点之间的直线距离，如图 2-56 所示。量取图框中各条直线之间的距离。

执行工具栏上的“多段线”命令（快捷键为：pl）、“偏移”命令（快捷键为：o）、“修剪”命令（快捷键为：tr）等，绘制 A3 图框。

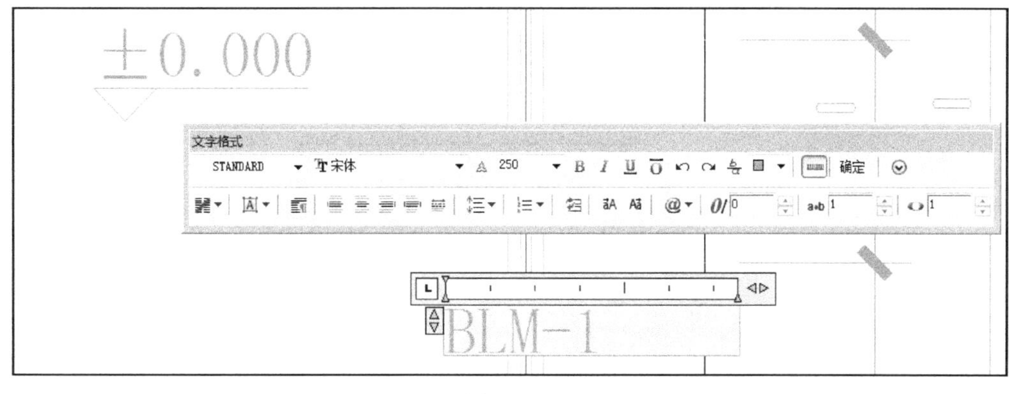

图　2-52

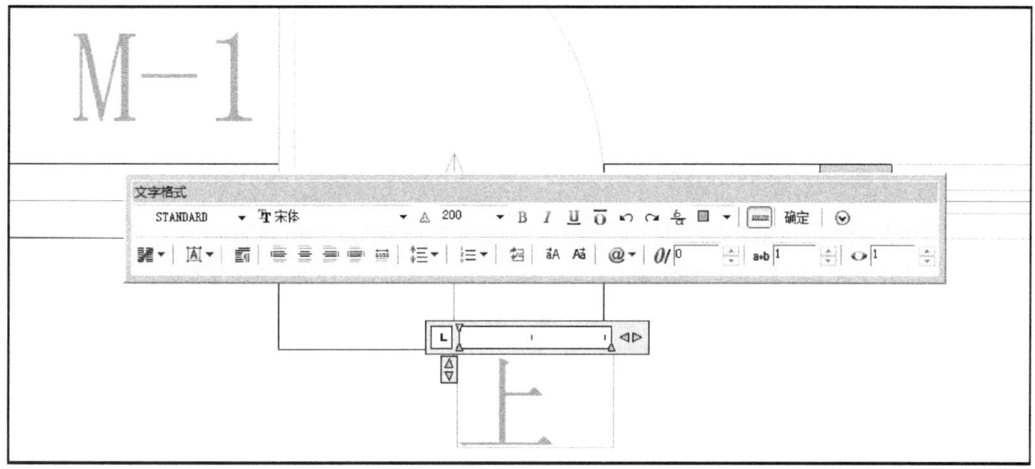

图　2-53

图　2-54

10. 输入文字

1）图名。执行工具栏的“多行文字”命令（快捷键为：t），在平面图下方输入图名：一层建筑平面图 1:100，并设置文字高度为 750，字体为宋体。

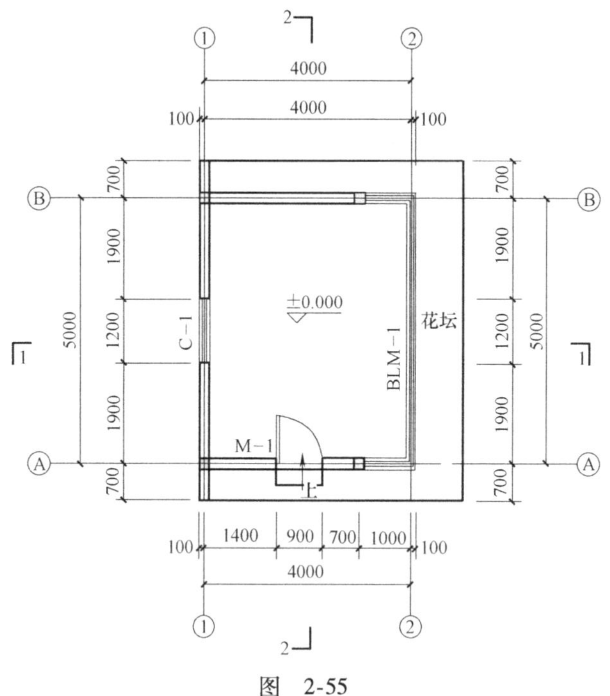

图 2-55

命令: *di DIST* 指定第一点:(用鼠标左键单击直线的第一点)指定第二点:(用鼠标左键单击直线的第二点)
距离 = *29700*,*XY* 平面中的倾角 = *0*, 与 *XY* 平面的夹角 = *0*
X 增量 = *29700*, *Y* 增量 = *0*, *Z* 增量 = *0*

图 2-56

2）同理，输入图框中的其他文字，完成后如图 2-57 所示。

三、相关知识与技能

1. 图层设置

AutoCAD 2008 中的图层类似于重叠的透明图纸，要求每张图纸上绘制不同类别的内容，比如墙体图层上应仅绘制墙线。

图层的完整和规范是绘图者重要的素质和基础，在学习过程中，必须养成图层设置的习惯，达到规范的电脑绘图要求。

2. 保存图形文件

在计算机操作过程中，由于一些客观因素或者绘图者的不当操作，容易导致图形文件出现错误。因此，在绘图过程中必须要养成随时保存的习惯。

第一次保存时会弹出保存位置的对话框，把图纸命名后保存到可靠硬盘位置即可。文件类型要选择后缀名为 . dwg 的类型，还可在此选择低版本进行保存，以便在低版本的 CAD 中也能打开。

在绘图过程中随时使用快捷键 <ctrl> + <s> 进行保存，防止出现突然的错误而死机。

3. CAD 功能键

1）正交：<F8>，按下后则打开正交模式，此时线条只能绘制水平或垂直，再次单击

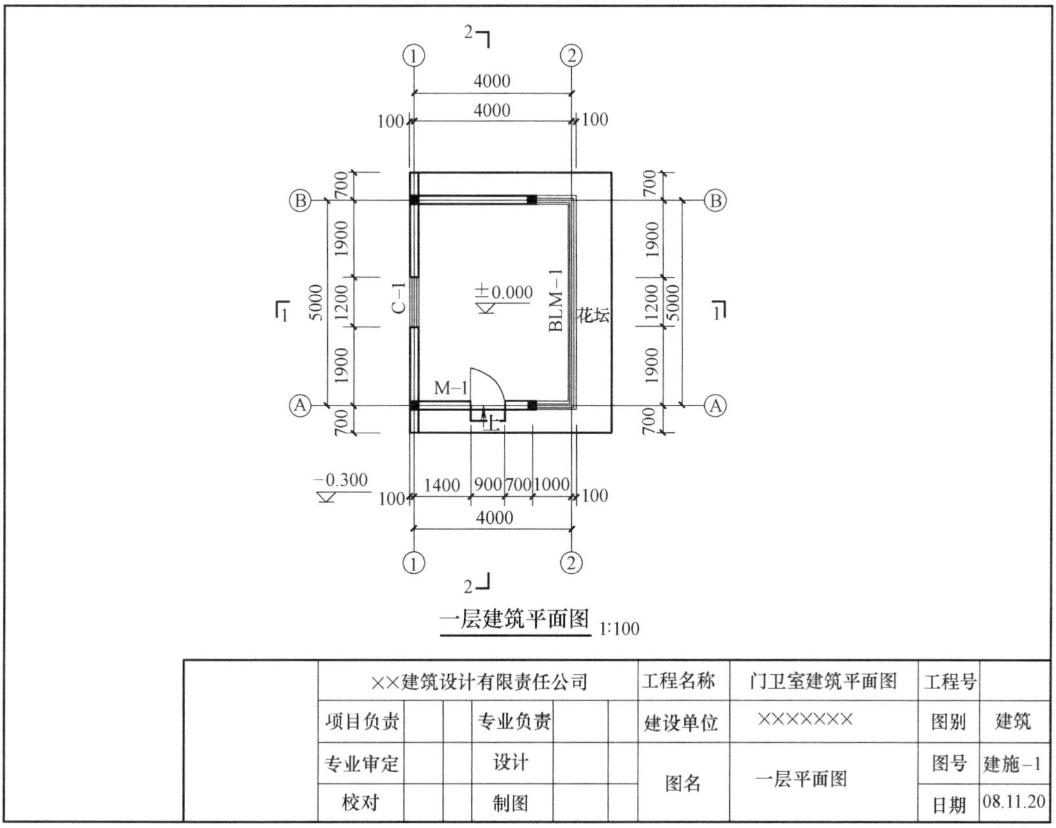

一层建筑平面图 1:100

××建筑设计有限责任公司						工程名称	门卫室建筑平面图	工程号	
项目负责			专业负责			建设单位	×××××××	图别	建筑
专业审定			设计			图名	一层平面图	图号	建施-1
校对			制图					日期	08.11.20

图　2-57

后则关闭。

2）捕捉：<F3>，按下后则打开捕捉模式，此时操作会自动捕捉线段的端点，再次单击后则关闭。

也可在屏幕下方的状态栏开关正交及捕捉模式，如图 2-58 所示。在按钮上单击鼠标右键可对捕捉点进行设置。绘图时应根据实际情况开关正交及捕捉状态。

121591, 4904 , 0　捕捉　栅格　正交　极轴　对象捕捉　对象追踪　DUCS　DYN　线宽

图　2-58

4. AutoCAD 2008 打开和关闭图层

打开图层时图层上的所有对象都显示在 AutoCAD 2008 的视图中。关闭的图层不显示也不能打印图层上的图形对象。

方法一：

1）在 AutoCAD 2008“图层工具栏”上，单击“图层”按钮 0 。

2）打开图层名称下拉列表，此下拉列表列出了 AutoCAD 2008 的所有图层。

3）在需要关闭的图层名称左侧单击“黄色灯泡”，灯泡将变为蓝色，关闭该图层。

方法二：

在“图层特性管理器”对话框中单击图层右侧的“黄色灯泡”，灯泡将变为蓝色，此时该图层由打开变为关闭。

再次单击“蓝色灯泡”，会变为“黄色灯泡”，即可打开该图层。如果灯泡为黄色，则表示该图层已打开，蓝色灯泡为关闭。

5. AutoCAD 2008 冻结和解冻图层

在 AutoCAD 2008 所有视口中可以冻结选定的图层。冻结图层可以加快视图缩放、移动等操作的运行速度，增强对象选择的性能，并减少复杂图形重新生成的计算时间。冻结与关闭图层的区别是，冻结可以加快重新生成图形的计算时间。如果图形简单，用户可能感觉不到冻结图层提高的速度。

1）冻结方法：单击“黄色太阳图标”，图标变为“蓝色雪花图标”，即可将该层冻结。

2）解冻方法：再次单击“蓝色雪花图标”，图标变为“黄色太阳图标”，即可将该图层解冻。

6. 复制命令

执行工具栏的“复制”命令（快捷键为：co），如图 2-59 所示。

```
命令：co
COPY
选择对象：找到 1 个(选择需要复制的线条等)
选择对象：(回车)
当前设置： 复制模式 = 多个
指定基点或[位移(D)/模式(O)] <位移>：(用鼠标左键单击复制路线上的起点)指定第二个点或<使用第一个点作为位移>： <正交 开>(用鼠标左键单击复制路线上的终点)
指定第二个点或[退出(E)/放弃(U)] <退出>：(回车)
```

图 2-59

复制时可先量取复制的距离，在指定第二点时直接输入距离数据，可准确地复制到指定位置。

7. 移动命令

执行工具栏的“移动”命令（快捷键为：m），如图 2-60 所示。

```
命令：m
MOVE 找到 1 个(选择需要移动的线条等)
指定基点或[位移(D)] <位移>：(用鼠标左键单击移动路线上的起点)指定第二个点或 <使用第一个点作为位移>：(用鼠标左键单击移动路线上的终点)
```

图 2-60

移动时可先量取移动的距离，在指定第二点时直接输入距离数据，可准确地移动到指定位置。

四、思考与练习

请用本任务学习的命令及方法绘制某辅房建筑一层平面图的结构及符号、图框并输入文字，如图 2-61 所示。

建筑 CAD 绘图

任 务 工 单

姓名 ________________

班级 ________________

学校 ________________

机 械 工 业 出 版 社

（续）

<table>
<tr><td>任务决策与计划</td><td colspan="7">请根据给出的建筑图纸，熟悉建筑图纸绘制需要的轴线、墙体及轴线标注等的绘制方法和使用，根据绘制步骤，制定详细的任务实施步骤并完成绘制。
1. 查阅图纸
2. 绘制图纸
3. 完成技术交底
4. 提交小组长检查
5. 提交教师检查完成项目</td></tr>
<tr><td>任务实施</td><td colspan="7">步骤一：查阅图纸，分析项目中图纸的内容，新建绘图区域设置绘图环境及图层。
步骤二：使用“直线”“偏移”“复制”“修剪”等命令完成目录的绘制。
绘图环境设置：
1）需要新建的图层有：________________
2）图层特性管理器的快捷键：________________
3）图形界限设置：________________
步骤三：检查完成内容，清洁图纸幅面。</td></tr>
<tr><td>报验</td><td colspan="7">每人对绘制的建筑图进行自我检查，要求绘制无错误，幅面清晰美观，达到要求后由小组长组织组员，相互检查完成情况。</td></tr>
<tr><td rowspan="9">验收</td><td>班组检查</td><td colspan="6">按照一组六人进行讨论、检查，完成技术交底内容。</td></tr>
<tr><td rowspan="6">单位自检</td><td>学号</td><td>姓名</td><td>评分（满分 10）</td><td>学号</td><td>姓名</td><td>评分（满分 10）</td></tr>
<tr><td></td><td></td><td></td><td></td><td></td><td></td></tr>
<tr><td></td><td></td><td></td><td></td><td></td><td></td></tr>
<tr><td></td><td></td><td></td><td></td><td></td><td></td></tr>
<tr><td></td><td></td><td></td><td></td><td></td><td></td></tr>
<tr><td colspan="6">注意：最高与最低分相差最少 3 分，同分最多 3 人，某一成员分数不得超平均分 ±3 分。</td></tr>
<tr><td>施工单位意见</td><td colspan="6"></td></tr>
<tr><td>监理部意见</td><td colspan="6"></td></tr>
</table>

任务二 绘制总说明

<table>
<tr><td>任务名称</td><td>绘制总说明</td><td>绘图员</td><td></td><td>工日</td><td></td></tr>
<tr><td>单位</td><td></td><td>项目部</td><td></td><td>单位自评分</td><td></td></tr>
<tr><td>工作设备</td><td></td><td>工作场地</td><td></td><td>日期</td><td></td></tr>
<tr><td>任务目标</td><td colspan="5">1. 熟练掌握图框、文字绘制方法。
2. 熟练掌握图框、表格、文字的编辑修改。
3. 能在绘图过程中熟练地运用各种命令。
4. 技术指标:绘制准确无误。
5. 根据建筑施工图设计总说明,能熟练并独立完成其中表格、文字的绘制。</td></tr>
<tr><td>任务准备</td><td colspan="5">一、图纸
图纸见教材正文图 1-2。
二、选出 CAD 操作正确的步骤选项
1.“图层特性管理器”中,(　　)是不能设置的。
A. 页面大小　B. 图层颜色　C. 线型　D. 线宽
2. 下面(　　)项不是绘图命令。
A. 多行文字　B. 偏移　C. 圆　D. 矩形
3. Auto CAD 是美国(　　)公司开发的计算机辅助软件。
A. Autodesk　B. Adobe　C. Corel　D. Microsoft
4. 直线在绘制时,有(　　)个可以控制的蓝色小方点。
A. 6　B. 3　C. 1　D. 2
5. Auto CAD 2008 中,如果用鼠标左键单击直线,会出现(　　)。
A. 选中　B. 属性对话框　C. 删除　D. 打断
三、写出命令快捷键。
复制________　删除________
镜像________　旋转________
拉伸________　倒直角________
分解________　缩放________
移动________　量尺寸________
保存________　另存为________</td></tr>
</table>

<table>
<tr><td>任务决策与计划</td><td colspan="7">请根据给出的建筑图纸，熟悉建筑图纸绘制需要的轴线、墙体及轴线标注等的绘制方法和使用，根据绘制步骤，制定详细的任务实施步骤并完成绘制。
1. 查阅图纸
2. 绘制图纸
3. 完成技术交底
4. 提交小组长检查
5. 提交教师检查完成项目</td></tr>
<tr><td>任务实施</td><td colspan="7">步骤一：查阅图纸，分析项目中图纸的内容，新建绘图区域设置绘图环境及图层。
步骤二：使用“直线”“矩形”“偏移”“复制”“修剪”“文字”等命令完成总说明的绘制。
绘制总说明所需要的快捷键命令有：____________
绘制步骤是：____________
步骤三：检查完成内容，清洁图纸幅面。</td></tr>
<tr><td>报验</td><td colspan="7">每人对绘制的建筑图进行自我检查，要求绘制无错误，幅面清晰美观，达到要求后由小组长组织组员，相互检查完成情况。</td></tr>
<tr><td rowspan="8">验收</td><td>班组检查</td><td colspan="6">按照一组六人进行讨论、检查，完成技术交底内容。</td></tr>
<tr><td rowspan="6">单位自检</td><td>学号</td><td>姓名</td><td>评分（满分 10）</td><td>学号</td><td>姓名</td><td>评分（满分 10）</td></tr>
<tr><td></td><td></td><td></td><td></td><td></td><td></td></tr>
<tr><td></td><td></td><td></td><td></td><td></td><td></td></tr>
<tr><td></td><td></td><td></td><td></td><td></td><td></td></tr>
<tr><td></td><td></td><td></td><td></td><td></td><td></td></tr>
<tr><td colspan="6">注意：最高与最低分相差最少 3 分，同分最多 3 人，某一成员分数不得超平均分 ±3 分。</td></tr>
<tr><td>施工单位意见</td><td colspan="6"></td></tr>
<tr><td></td><td>监理部意见</td><td colspan="6"></td></tr>
</table>

情境二　建筑平面图的绘制

任务一　运用 AutoCAD 2008 绘制建筑平面图

任务名称	运用 Auto CAD 2008 绘制建筑平面图	绘图员		工日	
单位		项目部		单位自评分	
工作设备		工作场地		日期	
任务目标	1. 了解 CAD 绘图环境的设置,掌握轴线、墙体、门窗、符号、标注、构件等的绘制。 2. 能在绘图过程中熟练地运用各种命令。 3. 技术指标:绘制准确无误。 4. 根据门卫室建筑平面图,能熟练并独立完成其中轴线、墙体、轴标等的绘制。				

任务准备

一、图纸

图纸见教材正文图 2-1。

二、选出 CAD 操作正确的步骤选项。

1. Auto CAD 2008 中,命令行输入(　　),矩形命令是不能被识别的。

A. REC　　B. rec　　C. 矩形　　D. RECTANG

2. Auto CAD 2008 中,不改变图形大小,用手柄拖动图形的工具快捷键是(　　)。

A. REC　　B. P　　C. M　　D. O

3. 绘图时,想删除一条直线,但是无法删除,该直线可能是被(　　)。

A. 关闭　　B. 删除　　C. 锁定　　D. 更改了颜色

三、写出命令快捷键。

复制________________　　粘贴________________

打印________________

选项(调出工具栏及各项设置)________________________________

打开文件________________　　正交________________

对象捕捉________________　　双线________________

倒圆角________________　　偏移________________

实时平移________________　　重生模型____________

样条曲线________________　　返回上一步__________

（续）

<table>
<tr><td>任务决策与计划</td><td>请根据给出的建筑图纸，熟悉建筑图纸绘制需要的轴线、墙体及轴线标注等的绘制方法和使用，根据绘制步骤，制定详细的任务实施步骤并完成绘制。
1. 查阅图纸
2. 绘制图纸
3. 完成技术交底
4. 提交小组长检查
5. 提交教师检查完成项目</td></tr>
<tr><td>任务实施</td><td>步骤一：查阅图纸，分析项目中图纸的内容，新建绘图区域设置绘图环境及图层。
步骤二：使用“直线”“矩形”“多线”“偏移”“复制”“修剪”“圆角”等命令完成部分平面图的绘制。
1. 绘图环境设置
1）需要新建的图层有：________________
图层特性管理器的快捷键：________________
2）图形界限设置：________________
2. 轴线的绘制
绘制轴线所需要的快捷键命令有：________________
3. 墙体的绘制
绘制墙体所需要的快捷键命令有：________________
4. 轴线及轴号标注
1）设置标注样式，操作步骤为：________________
2）添加直线，绘制轴号。
步骤三：检查完成内容，清洁图纸幅面。</td></tr>
</table>

（续）

<table>
<tr><td rowspan="1">报验</td><td colspan="7">每人对绘制的建筑图进行自我检查，要求绘制无错误，幅面清晰美观，达到要求后由小组长组织组员，相互检查完成情况。</td></tr>
<tr><td rowspan="9">验收</td><td>班组检查</td><td colspan="6">按照一组六人进行讨论、检查，完成技术交底内容。</td></tr>
<tr><td rowspan="6">单位自检</td><td>学号</td><td>姓名</td><td>评分（满分 10）</td><td>学号</td><td>姓名</td><td>评分（满分 10）</td></tr>
<tr><td></td><td></td><td></td><td></td><td></td><td></td></tr>
<tr><td></td><td></td><td></td><td></td><td></td><td></td></tr>
<tr><td></td><td></td><td></td><td></td><td></td><td></td></tr>
<tr><td></td><td></td><td></td><td></td><td></td><td></td></tr>
<tr><td colspan="6">注意：最高与最低分相差最少 3 分，同分最多 3 人，某一成员分数不得超平均分 ±3 分。</td></tr>
<tr><td>施工单位意见</td><td colspan="6"></td></tr>
<tr><td>监理部意见</td><td colspan="6"></td></tr>
</table>

任务二　运用天正建筑 8.0 绘制建筑平面图

<table>
<tr><td>任务名称</td><td>运用天正建筑 8.0 绘制建筑平面图</td><td>绘图员</td><td></td><td>工日</td><td></td></tr>
<tr><td>单位</td><td></td><td>项目部</td><td></td><td>单位自评分</td><td></td></tr>
<tr><td>工作设备</td><td></td><td>工作场地</td><td></td><td>日期</td><td></td></tr>
<tr><td>任务目标</td><td colspan="5">1. 了解天正绘图环境的设置，掌握轴线、墙体、门窗、符号、标注、构件等的绘制。
2. 能在绘图过程中熟练地运用各种命令。
3. 技术指标：绘制准确无误。
4. 根据住宅建筑平面图，能熟练并独立完成其中轴线、墙体、轴标等的绘制。</td></tr>
<tr><td>任务准备</td><td colspan="5">一、图纸
图纸见教材正文图 2-2。
二、图框
图框的大小是一定的，一般根据图形大小选择图框尺寸，从 A0 ~ A4，依次为 841 × 1189；594 × 841；＿＿＿＿＿＿；＿＿＿＿＿＿；210 × 297。$b \times l$ = 高度 × 长度，a 为装订一侧的内外框宽度，一般为＿＿＿＿＿＿ mm；c 为其他侧的内外框宽度，根据图幅不同分为 A0 ~ A2 为 10mm，其余为 5mm。
三、剖切符号
1）剖视图中，用＿＿＿＿＿＿＿＿＿＿以表示剖切面剖切位置的图线。
2）剖切位置线与＿＿＿＿＿＿＿＿＿＿，共同构成了剖切符号。
3）剖切符号用＿＿＿＿＿＿＿＿＿＿线表示，剖切方向线的长度为 6 ~ 10mm；剖视方向线应垂直于剖切位置线，长度为＿＿＿＿＿＿＿＿＿＿ mm，即长边的方向表示切的方向，短边的方向表示看的方向。</td></tr>
<tr><td>任务决策与计划</td><td colspan="5">请根据给出的建筑图纸，熟悉建筑图纸绘制需要的轴线、墙体及轴线标注等的绘制方法和使用，根据绘制步骤，制定详细的任务实施步骤并完成绘制。
1. 查阅图纸

2. 绘制图纸

3. 完成技术交底

4. 提交小组长检查

5. 提交教师检查完成项目</td></tr>
</table>

（续）

<table>
<tr><td>任务实施</td><td colspan="7">步骤一：查阅图纸，分析图纸的内容，新建绘图区域。
步骤二：使用“轴网柱子”“墙体”“门窗”“楼梯其他”“房间屋顶”“符号标注”“图块图案”等命令完成平面图的绘制。
1）轴线的绘制：“轴网柱子”→______→______
2）墙体的绘制：“墙体”→______
3）门窗的绘制：“门窗”→______→______
4）轴线标注：“轴网柱子”→______→______
5）阳台的绘制：“楼梯其他”→______→______
6）楼梯的绘制：“楼梯其他”→______→______
7）尺寸符号的标注：“尺寸标注”→______；“符号标注”→______
8）房间面积查询：“房间屋顶”→______
9）门槛线的绘制：“门窗”→______→______
10）标高：“符号标注”→______
11）模块插入：“图块图案”→______→______→______
12）图框插入：“文件布图”→______
步骤三：检查完成内容，清洁图纸幅面。</td></tr>
<tr><td>报验</td><td colspan="7">每人对绘制的建筑图进行自我检查，要求绘制无错误，图面清晰美观，达到要求后由小组长组织组员，相互检查完成情况。</td></tr>
<tr><td rowspan="9">验收</td><td>班组检查</td><td colspan="6">按照一组六人进行讨论、检查，完成技术交底内容。</td></tr>
<tr><td rowspan="6">单位自检</td><td>学号</td><td>姓名</td><td>评分（满分10）</td><td>学号</td><td>姓名</td><td>评分（满分10）</td></tr>
<tr><td></td><td></td><td></td><td></td><td></td><td></td></tr>
<tr><td></td><td></td><td></td><td></td><td></td><td></td></tr>
<tr><td></td><td></td><td></td><td></td><td></td><td></td></tr>
<tr><td></td><td></td><td></td><td></td><td></td><td></td></tr>
<tr><td colspan="6">注意：最高与最低分相差最少3分，同分最多3人，某一成员分数不得超平均分±3分。</td></tr>
<tr><td>施工单位意见</td><td colspan="6"></td></tr>
<tr><td>监理部意见</td><td colspan="6"></td></tr>
</table>

情境三　建筑立面图的绘制

任务　绘制建筑立面图

<table>
<tr><td>任务名称</td><td>绘制建筑立面图</td><td>绘图员</td><td></td><td>工日</td><td></td></tr>
<tr><td>单位</td><td></td><td>项目部</td><td></td><td>单位自评分</td><td></td></tr>
<tr><td>工作设备</td><td></td><td>工作场地</td><td></td><td>日期</td><td></td></tr>
<tr><td>任务目标</td><td colspan="5">1. 了解如何生成单层立面图。
2. 能运用 CAD 和天正命令完成生成立面的修改。
3. 技术指标:绘制熟练、准确无误。
4. 根据绘制的建筑平面图,能独立完成立面图的绘制。</td></tr>
<tr><td>任务准备</td><td colspan="5">一、图纸
图纸见教材正文图 3-1。
二、立面轮廓
找出立面轮廓所在工具栏的位置。
三、构建立面与建筑立面的区别
____
四、立面门窗
找出立面门窗所在工具栏的位置。
五、雨水管
水管有________________、下水管、落水管、方形雨水管等。
六、立面阳台
了解立面轮廓的各部位的尺寸。
七、立面门窗参数
了解门窗各部分高度的要求。</td></tr>
<tr><td>任务决策与计划</td><td colspan="5">请根据给出的建筑图纸,熟悉建筑图纸绘制需要的立面阳台、立面门窗、立面轮廓、图框等命令的位置,根据绘制步骤,制定详细的任务实施步骤并完成绘制。
1. 查阅图纸

2. 绘制图纸

3. 完成技术交底

4. 提交小组长检查

5. 提交教师检查完成项目</td></tr>
</table>

（续）

<table>
<tr><td>任务实施</td><td colspan="7">步骤一:查阅图纸,分析项目中图纸的内容,新建绘图区域。
步骤二:使用“立面门窗”“门窗参数”“构建立面”“建筑立面”“雨水管”等按钮完成平面图。
1)立面阳台的绘制:“立面”→________________→设置数据
2)立面门窗的绘制:“立面”→“立面门窗”→________________
3)雨水管的绘制:“立面”→________________→设置数据→生成立面
4)门窗参数:“立面”→“门窗参数”→________________
5)立面轮廓的绘制:“立面”→“立面轮廓”→________________
步骤三: 检查完成内容,清洁图纸幅面。</td></tr>
<tr><td>报验</td><td colspan="7">每人对绘制的建筑图进行自我检查,要求绘制无错误,幅面清晰美观,达到要求后由小组长组织组员,相互检查完成情况。</td></tr>
<tr><td rowspan="9">验收</td><td>班组检查</td><td colspan="6">按照一组六人进行讨论、检查,完成技术交底内容。</td></tr>
<tr><td rowspan="6">单位自检</td><td>学号</td><td>姓名</td><td>评分(满分 10)</td><td>学号</td><td>姓名</td><td>评分(满分 10)</td></tr>
<tr><td></td><td></td><td></td><td></td><td></td><td></td></tr>
<tr><td></td><td></td><td></td><td></td><td></td><td></td></tr>
<tr><td></td><td></td><td></td><td></td><td></td><td></td></tr>
<tr><td></td><td></td><td></td><td></td><td></td><td></td></tr>
<tr><td colspan="6">注意:最高与最低分相差最少 3 分,同分最多 3 人,某一成员分数不得超平均分 ±3 分。</td></tr>
<tr><td>施工单位意见</td><td colspan="6"></td></tr>
<tr><td>监理部意见</td><td colspan="6"></td></tr>
</table>

情境四　建筑剖面图的绘制

任务　绘制建筑剖面图

任务名称	绘制建筑剖面图	绘图员		工日	
单位		项目部		单位自评分	
工作设备		工作场地		日期	
任务目标	1. 了解如何生成单层剖面图。 2. 能运用 CAD 和天正命令完成生成剖面的修改。 3. 技术指标:绘制熟练、准确无误。 4. 根据绘制的建筑平面图,能独立完成剖面图的绘制。				

任务准备

一、图纸

图纸见教材正文图 4-1。

二、如何在平面中设置剖面门尺寸

三、如何在平面中设置剖面窗尺寸

四、如何在平面中设置阳台尺寸

五、阳台中栏板宽、栏板高、地面标高、阳台板厚、阳台梁高各指什么

六、填充命令的快捷键是多少

（续）

<table>
<tr><td>任务决策与计划</td><td colspan="7">请根据给出的建筑图纸，熟悉建筑图纸绘制需要的立面阳台、立面门窗、立面轮廓、图框等命令的位置，根据绘制步骤，制定详细的任务实施步骤并完成绘制。
1. 查阅平、立、剖图纸
2. 绘制剖面图纸
3. 完成技术交底
4. 提交小组长检查
5. 提交教师检查完成项目</td></tr>
<tr><td>任务实施</td><td colspan="7">步骤一：查阅图纸，分析项目中图纸，平面如何生成剖面，新建绘图区域。
步骤二：使用“剖面墙”“双线楼板”“构建剖面”“建筑剖面”“参数楼梯”等按钮完成平面图。
1）门窗参数：修改平面中所有门窗的长宽高。
2）构件剖面的绘制：“剖面”→________________→输入方向→点击右键生成
3）剖面墙的绘制：“剖面”→“剖面墙”→________________
4）标注：“尺寸标注”→________________→________________
5）剖面轮廓的绘制：“PL”→指定起点→ 输入线宽度→________________
6）图框的绘制：“文件布图”→ 插入图框→ 选择大小→________________
步骤三：检查完成内容，清洁图纸幅面。</td></tr>
<tr><td>报验</td><td colspan="7">每人对绘制的建筑图进行自我检查，要求绘制无错误，幅面清晰美观，达到要求后由小组长组织组员，相互检查完成情况。</td></tr>
<tr><td rowspan="9">验收</td><td>班组检查</td><td colspan="6">按照一组六人进行讨论、检查，完成技术交底内容。</td></tr>
<tr><td rowspan="6">单位自检</td><td>学号</td><td>姓名</td><td>评分（满分 10）</td><td>学号</td><td>姓名</td><td>评分（满分 10）</td></tr>
<tr><td></td><td></td><td></td><td></td><td></td><td></td></tr>
<tr><td></td><td></td><td></td><td></td><td></td><td></td></tr>
<tr><td></td><td></td><td></td><td></td><td></td><td></td></tr>
<tr><td></td><td></td><td></td><td></td><td></td><td></td></tr>
<tr><td colspan="6">注意：最高与最低分相差最少 3 分，同分最多 3 人，某一成员分数不得超平均分 ±3 分。</td></tr>
<tr><td>施工单位意见</td><td colspan="6"></td></tr>
<tr><td>监理部意见</td><td colspan="6"></td></tr>
</table>

情境五　建筑总平面图的绘制

任务　绘制建筑总平面图

<table>
<tr><td>任务
名称</td><td>绘制建筑总平面图</td><td>绘图员</td><td></td><td>工日</td><td></td></tr>
<tr><td>单位</td><td></td><td>项目部</td><td></td><td>单位
自评分</td><td></td></tr>
<tr><td>工作
设备</td><td></td><td>工作
场地</td><td></td><td>日期</td><td></td></tr>
<tr><td>任务
目标</td><td colspan="5">1. 了解建筑总平面图图例、道路、建筑外轮廓等相关知识。
2. 能在绘图过程中熟练地运用命令绘制建筑总平面图的内容。
3. 技术指标:绘制准确无误。
4. 巩固 Auto CAD 2008 和天正建筑 8.0 的命令操作,提高绘图能力。</td></tr>
<tr><td>任务准备</td><td colspan="5">一、图纸
图纸见教材正文图 5-1。
二、建筑平面图的相关知识
1. 新建建筑
总平面图中,拟建房屋是按照比例并用________线框绘制,而原有建筑用________线框绘制 。
2. 新建建筑物的位置
在总平面图里面,总平面图是用来确定________建筑物的位置。
3. 总平面图绘图步骤
在总平面图的绘制过程中,绘图步骤为:________
____
________</td></tr>
<tr><td>任务决策与计划</td><td colspan="5">请根据给出的建筑总平面图图纸,熟悉图纸内容绘制时需要的方法和操作步骤,根据绘制步骤,制定详细的任务实施步骤并完成绘制。
1. 查阅图纸

2. 绘制图纸

3. 完成技术交底

4. 提交小组长检查

5. 提交教师检查完成项目</td></tr>
</table>

（续）

<table>
<tr><td>任务实施</td><td colspan="7">步骤一：查阅图纸，分析任务中图纸的内容，新建绘图区域设置绘图环境及图层。
步骤二：使用“直线”“矩形”“多线”“偏移”“复制”“修剪”“圆角”等命令完成总平面图的绘制。
1. 绘图环境设置
1）需要新建的图层有：________________
图层特性管理器的快捷键：________________
2）图形界限设置：________________
2. 道路的绘制
绘制道路所需要的快捷键命令有：________________
3. 建筑外轮廓的绘制
绘制轮廓线所需要的快捷键命令有：________________
4. 停车位的绘制
绘制停车位需要的快捷键命令有：________________
5. 小区人行道路、设施、景观和场地的绘制
需要的快捷键命令有：________________
6. 填充
快捷键是：________________
7. 标志设置标注样式
操作步骤为：________________
步骤三：检查完成内容，清洁图纸幅面。</td></tr>
<tr><td>报验</td><td colspan="7">每人对绘制的建筑图进行自我检查，要求绘制无错误，幅面清晰美观，达到要求后由小组长组织组员，相互检查完成情况。</td></tr>
<tr><td rowspan="9">验收</td><td>班组检查</td><td colspan="6">按照一组六人进行讨论、检查，完成技术交底内容。</td></tr>
<tr><td rowspan="6">单位自检</td><td>学号</td><td>姓名</td><td>评分（满分10）</td><td>学号</td><td>姓名</td><td>评分（满分10）</td></tr>
<tr><td></td><td></td><td></td><td></td><td></td><td></td></tr>
<tr><td></td><td></td><td></td><td></td><td></td><td></td></tr>
<tr><td></td><td></td><td></td><td></td><td></td><td></td></tr>
<tr><td></td><td></td><td></td><td></td><td></td><td></td></tr>
<tr><td colspan="6">注意：最高与最低分相差最少3分，同分最多3人，某一成员分数不得超平均分±3分。</td></tr>
<tr><td>施工单位意见</td><td colspan="6"></td></tr>
<tr><td>监理部意见</td><td colspan="6"></td></tr>
</table>

情境六　建筑详图的绘制

任务一　绘制屋面泛水详图

<table>
<tr><td>任务名称</td><td>绘制屋面泛水详图</td><td>绘图员</td><td></td><td>工日</td><td></td></tr>
<tr><td>单位</td><td></td><td>项目部</td><td></td><td>单位自评分</td><td></td></tr>
<tr><td>工作设备</td><td></td><td>工作场地</td><td></td><td>日期</td><td></td></tr>
<tr><td>任务目标</td><td colspan="5">1. 了解详图绘制步骤。
2. 能运用 CAD 和天正命令完成详图,并能绘制类似详图。
3. 技术指标:绘制熟练、准确无误。
4. 能独立完成类似详图的绘制。</td></tr>
<tr><td>任务准备</td><td colspan="5">一、图纸
图纸见教材正文图 6-1。
二、详图与大样图的含义。
详图:

大样图:</td></tr>
<tr><td>任务决策与计划</td><td colspan="5">请根据给出的建筑图纸,熟悉建筑图纸绘制需要的直线、尺寸标注、文字标注、图名等命令的位置及快捷键,根据绘制步骤,制定详细的任务实施步骤并完成绘制。
1. 查阅详图图纸

2. 绘制详图

3. 完成技术交底

4. 提交小组长检查

5. 提交教师检查完成项目</td></tr>
</table>

（续）

<table>
<tr><td>任务实施</td><td colspan="7">步骤一：查阅图纸，分析项目中图纸，新建绘图区域。
步骤二：使用 CAD 和天正的命令完成详图。
1）图层设置：新建图层有________________________________。
2）标注："尺寸标注"→_____________________→_____________________
3）图名标注：按钮为________________________________。
步骤三：检查完成内容，清洁图纸幅面。</td></tr>
<tr><td>报验</td><td colspan="7">每人对绘制的建筑图进行自我检查，要求绘制无错误，幅面清晰美观，达到要求后由小组长组织组员，相互检查完成情况。</td></tr>
<tr><td rowspan="9">验收</td><td>班组检查</td><td colspan="6">按照一组六人进行讨论、检查，完成技术交底内容。</td></tr>
<tr><td rowspan="6">单位自检</td><td>学号</td><td>姓名</td><td>评分（满分 10）</td><td>学号</td><td>姓名</td><td>评分（满分 10）</td></tr>
<tr><td></td><td></td><td></td><td></td><td></td><td></td></tr>
<tr><td></td><td></td><td></td><td></td><td></td><td></td></tr>
<tr><td></td><td></td><td></td><td></td><td></td><td></td></tr>
<tr><td></td><td></td><td></td><td></td><td></td><td></td></tr>
<tr><td colspan="6">注意：最高与最低分相差最少 3 分，同分最多 3 人，某一成员分数不得超平均分 ±3 分。</td></tr>
<tr><td>施工单位意见</td><td colspan="6"></td></tr>
<tr><td>监理部意见</td><td colspan="6"></td></tr>
</table>

任务二　绘制屋面台阶详图

<table>
<tr><td>任务
名称</td><td>绘制屋面台阶详图</td><td>绘图员</td><td></td><td>工日</td><td></td></tr>
<tr><td>单位</td><td></td><td>项目部</td><td></td><td>单位
自评分</td><td></td></tr>
<tr><td>工作
设备</td><td></td><td>工作
场地</td><td></td><td>日期</td><td></td></tr>
<tr><td>任务
目标</td><td colspan="5">1. 了解详图绘制步骤。
2. 能运用 CAD 和天正命令完成详图，并能绘制类似详图。
3. 技术指标：绘制熟练、准确无误。
4. 能独立完成类似详图的绘制。</td></tr>
<tr><td>任务准备</td><td colspan="5">一、图纸
图纸见教材正文图 6-2。
二、常见的详图
常见的详图有____
____
三、详图比例
国标中规定，详图宜采用的比例有________________________________
____</td></tr>
<tr><td>任务决策与计划</td><td colspan="5">请根据给出的建筑图纸，熟悉建筑图纸绘制需要的直线、尺寸标注、文字标注、图名等命令的位置及快捷键，根据绘制步骤，制定详细的任务实施步骤并完成绘制。
1. 查阅详图图纸

2. 绘制详图

3. 完成技术交底

4. 提交小组长检查

5. 提交教师检查完成项目</td></tr>
</table>

<table>
<tr><td>任务实施</td><td colspan="7">步骤一:查阅图纸,分析项目中图纸,新建绘图区域。
步骤二:使用 CAD 和天正的命令完成详图。
1)图形轮廓需使用的快捷键有______________。
2)粗线绘制:CAD 的操作步骤__________→__________→__________
3)图名标注:按钮为__________。
步骤三:检查完成内容,清洁图纸幅面。</td></tr>
<tr><td>报验</td><td colspan="7">每人对绘制的建筑图进行自我检查,要求绘制无错误,幅面清晰美观,达到要求后由小组长组织组员,相互检查完成情况。</td></tr>
<tr><td rowspan="9">验收</td><td>班组检查</td><td colspan="6">按照一组六人进行讨论、检查,完成技术交底内容。</td></tr>
<tr><td rowspan="6">单位自检</td><td>学号</td><td>姓名</td><td>评分(满分 10)</td><td>学号</td><td>姓名</td><td>评分(满分 10)</td></tr>
<tr><td></td><td></td><td></td><td></td><td></td><td></td></tr>
<tr><td></td><td></td><td></td><td></td><td></td><td></td></tr>
<tr><td></td><td></td><td></td><td></td><td></td><td></td></tr>
<tr><td></td><td></td><td></td><td></td><td></td><td></td></tr>
<tr><td colspan="6">注意:最高与最低分相差最少 3 分,同分最多 3 人,某一成员分数不得超平均分 ±3 分。</td></tr>
<tr><td>施工单位意见</td><td colspan="6"></td></tr>
<tr><td>监理部意见</td><td colspan="6"></td></tr>
</table>

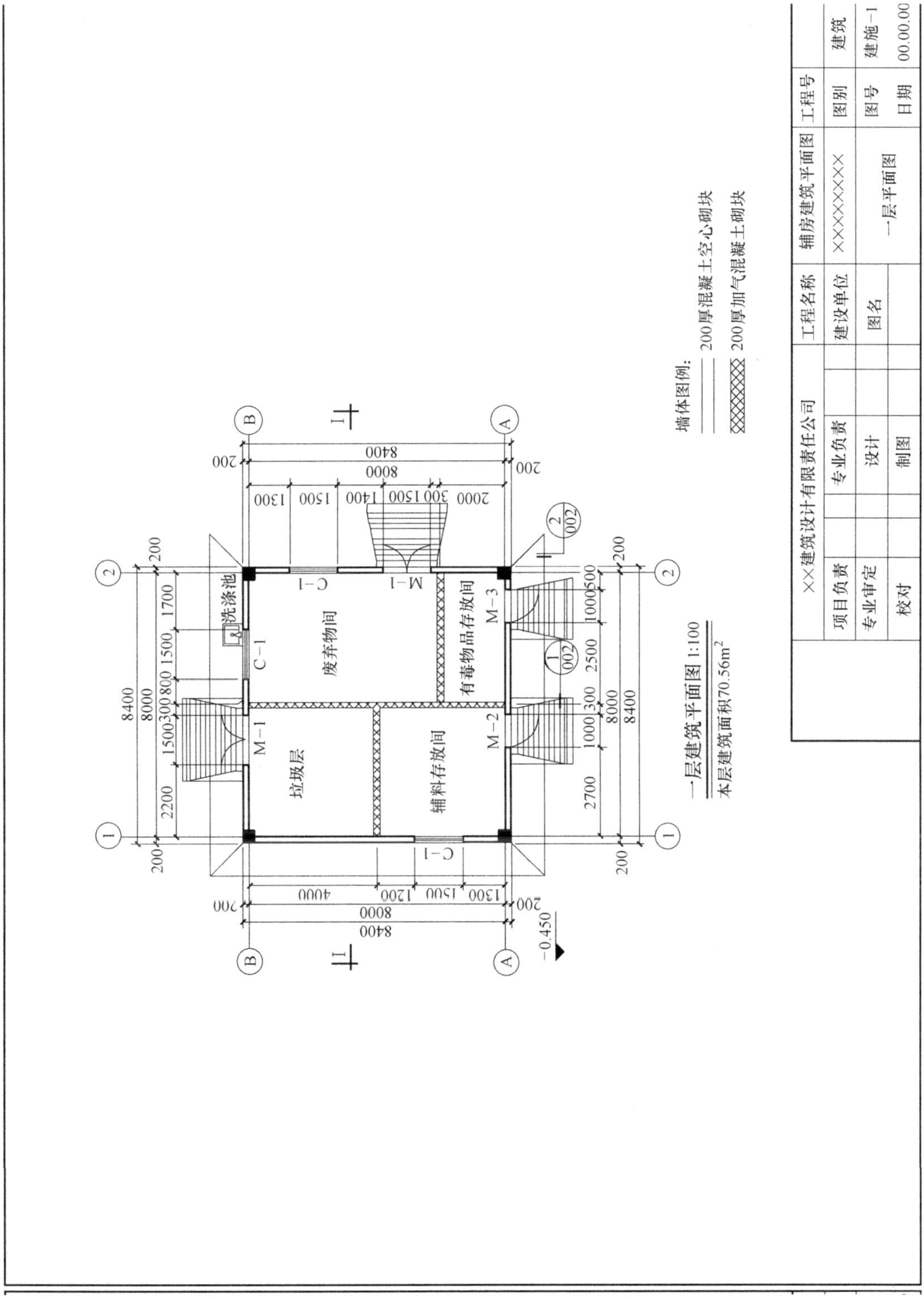

垃圾层　废弃物间　辅料存放间　有毒物品存放间　洗涤池

M-1　M-2　M-3　C-1

8400　8000　200　2200　1500　300　800　1500　1700

2700　1000　300　2500　1000　500

4000　1200　1500　1300　1400　2000

−0.450

一层建筑平面图 1:100

本层建筑面积70.56m²

墙体图例：

200厚混凝土空心砌块

200厚加气混凝土砌块

××建筑设计有限责任公司				工程名称	辅房建筑平面图	工程号	
项目负责		专业负责		建设单位	××××××××	图别	建筑
专业审定		设计		图名	一层平面图	图号	建施-1
校对		制图				日期	00.00.00

图　2-61

小提示

填充图案时，执行命令之前，填充的边界线必须在视图中全部显示，否则将找不到有效的填充边界。

任务二　运用天正建筑 8.0 绘制建筑平面图

一、任务描述

通过运用天正建筑 8.0 对某住宅平面图的轴线、墙体、门窗及构件标注等的绘制，掌握天正建筑 8.0 的主要绘图命令。

活动环境与工具

1. 活动环境

采用多媒体机房进行教学，每人一台计算机，老师课前安装好软件并逐台测试。

2. 资源准备

本节课教学前，教师将任务图纸、任务工单、国家制图规范准备好，确保天正建筑 8.0 能正常运行，并提供一套建筑平面图施工图纸（住宅）、文字说明、图片幻灯片和视频资料。

任务分析

根据住宅建筑图纸要求运用“轴网柱子”“墙体”“门窗”“楼梯其他”“尺寸标注”“符号标注”及“文字表格”等天正菜单命令，绘制住宅建筑的轴线、墙体、门窗、楼梯、标高标注等。

运用“两点轴标”“图块图案”“文件布图”等命令绘制轴线标注、家具及图框等。

二、方法与步骤

1. 绘制轴网并标注

1）执行天正屏幕菜单中的“轴网柱子”—“绘制轴网”，在弹出的“绘制轴网”对话框中选择“直线轴网”，选择“上开”，在对话框中输入如图 2-62 所示的数据，并单击“确定”。

同理，选择“下开”，输入如图 2-63 所示的数据，单击“确定”；选择“左进”，输入如图 2-64 所示的数据。单击“确定”后，在屏幕中单击绘出轴网，如图 2-65 所示。

2）执行天正屏幕菜单中的“轴网柱子”—“两点轴标”，将弹出“轴网标注”对话框。用鼠标单击左边第一根轴线，再单击右边第一根轴线，绘制出垂直轴线的编号和尺寸标注，如图 2-66 和图 2-67 所示。

同理，单击下方第一根轴线后，再单击上方第一根轴线，绘制出水平轴线的编号和尺寸标注，结束后回车。轴线及轴线标注完成后如图 2-68 所示。

绘制完成后，执行“轴网柱子”—“删除轴号”，步骤如图 2-69 所示。修改完成后如图 2-70 所示。

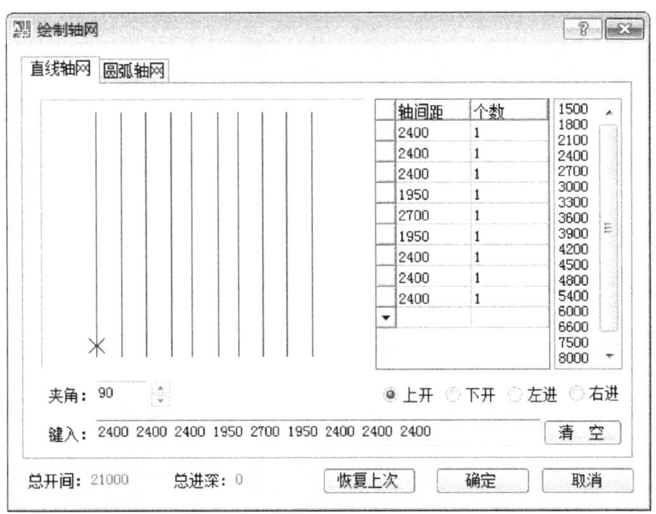

图　2-62

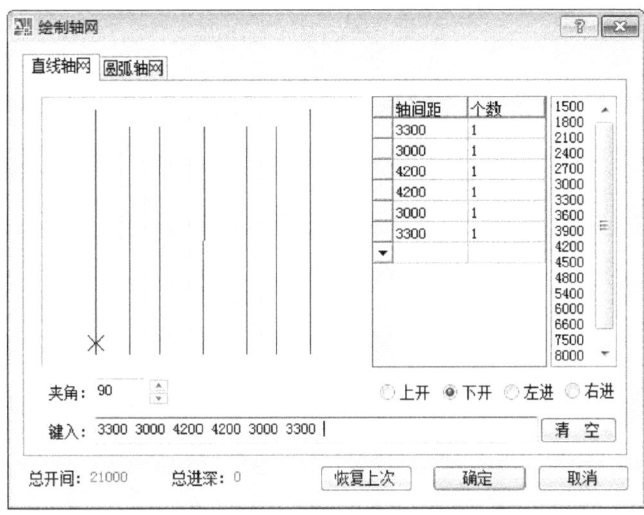

图　2-63

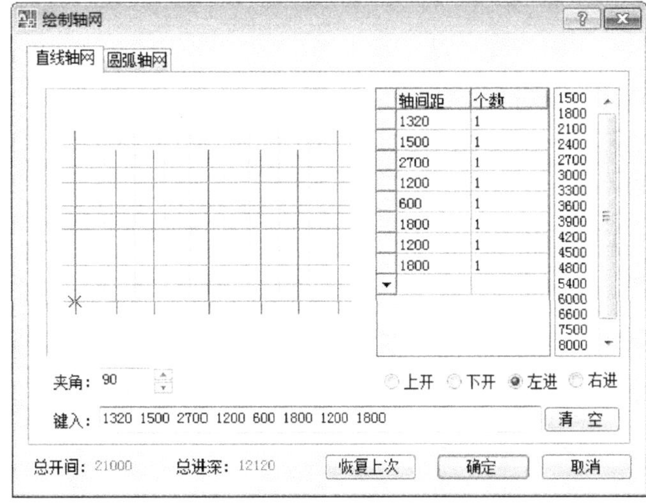

图　2-64

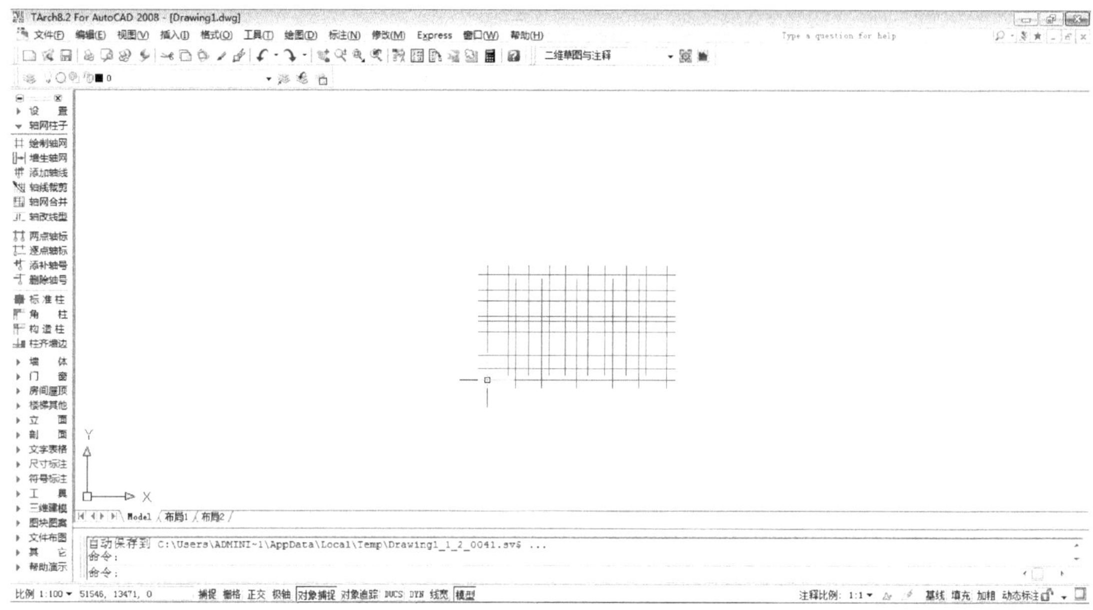

图　2-65

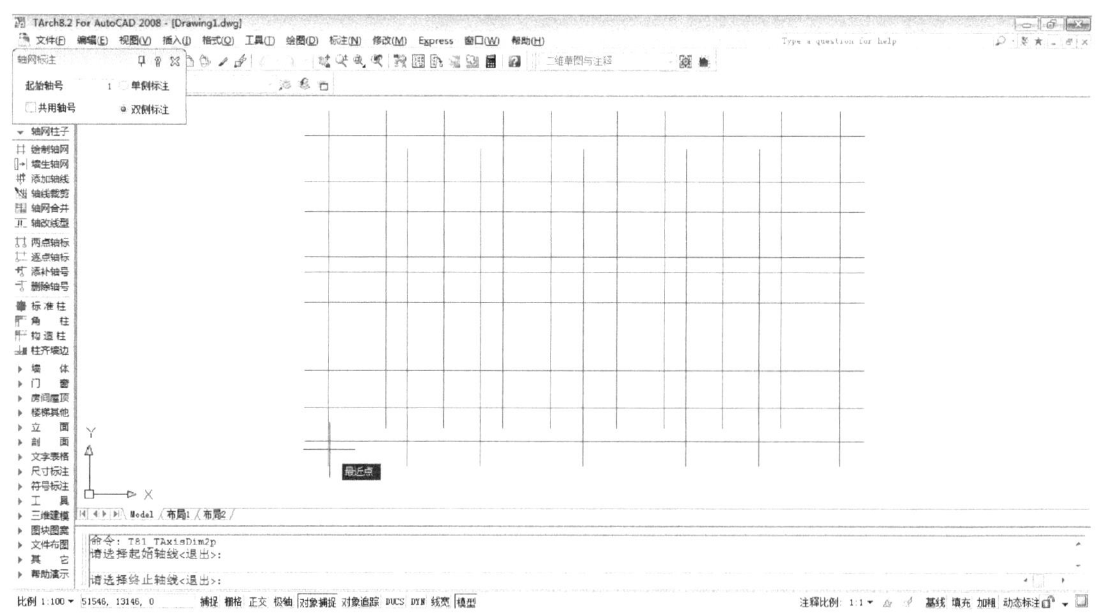

图　2-66

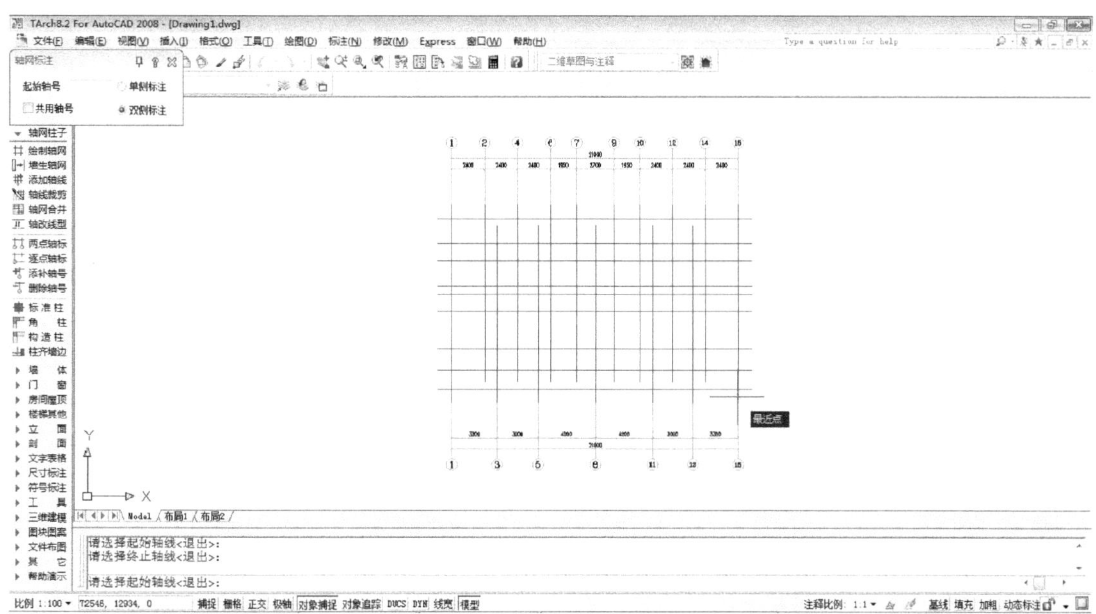

图　2-67

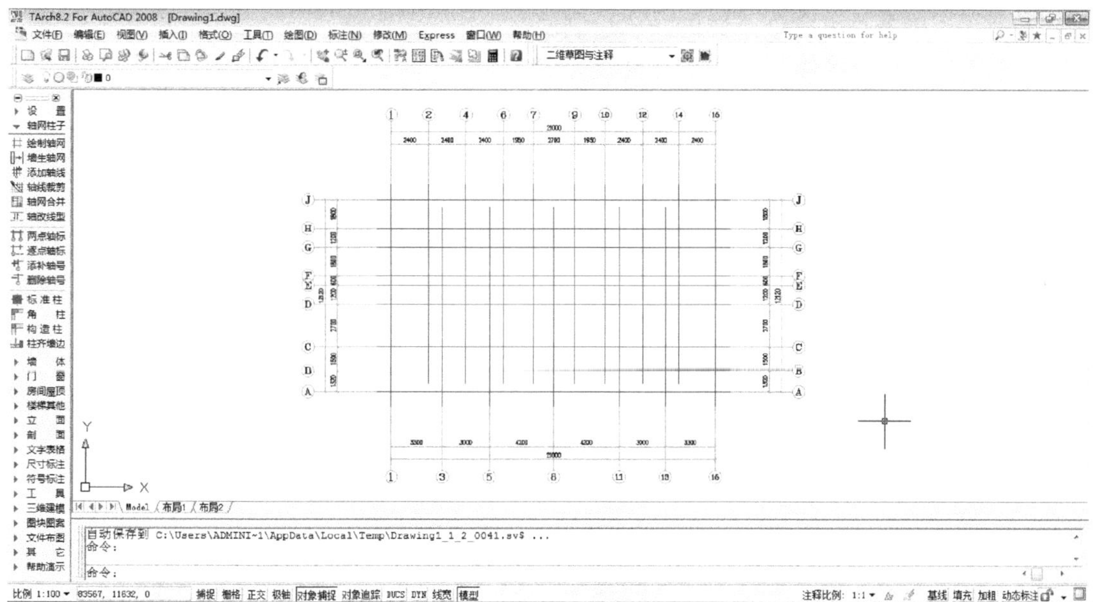

图　2-68

请框选轴号对象 <退出>:(框选 *A* 号轴线)
请框选轴号对象 <退出>:(回车)
是否重排轴号?[是(*Y*)/否(*N*)] <*Y*>:(回车)

图　2-69

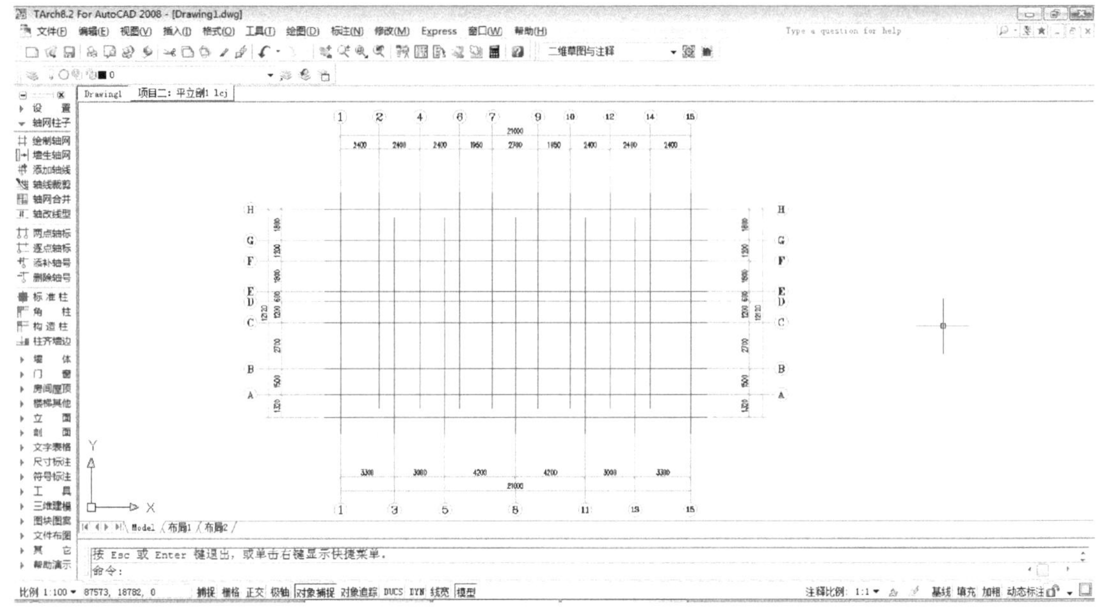

图 2-70

2. 绘制墙体

执行天正屏幕菜单命令“墙体”—“绘制墙体”，将弹出“绘制墙体”对话框，设置好墙宽、墙高、材料和用途，再选择墙体的类型，如图 2-71 所示。

在有墙体的地方沿着轴线绘制墙体，完成后如图 2-72 所示。

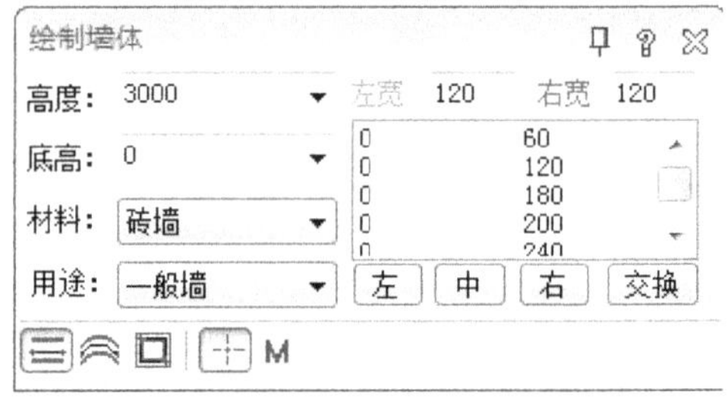

图 2-71

图 2-72

在绘制过程中可打开“捕捉”（快捷键为：<F3>），注意要捕捉到轴线交点后再绘制。如果绘制错误，可退出后单击选择错误墙体进行删除，或者双击错误墙体进行修改。

3. 绘制门窗

1）执行天正屏幕菜单命令“门窗”—“门窗”，将弹出对话框，如图 2-73 所示。选择（门），在对话框中输入如图 2-74 所示的数据，选择（垛宽定距插入），确定后在有门的墙上靠近门垛的位置插入，如图 2-75 所示。

图　2-73

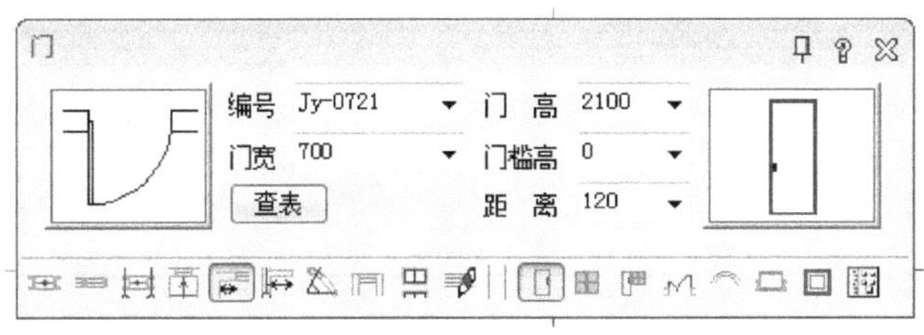

图　2-74

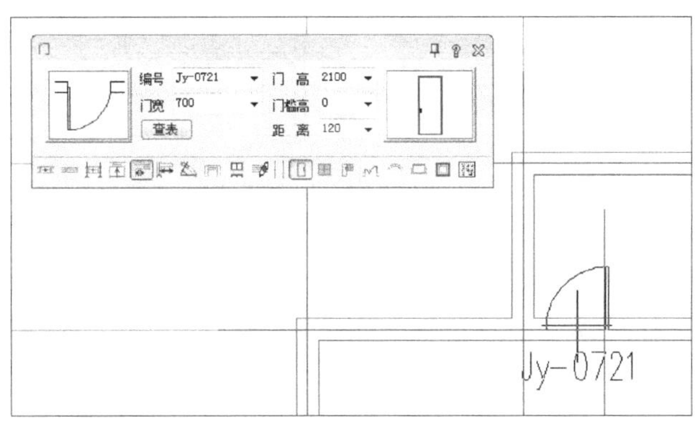

图　2-75

插入门后单击“确定”，选择绘制的门，可用鼠标左键拖动改变开启方向编辑夹点，如图 2-76 所示，按照图纸要求更改门的开启方向。

执行天正屏幕菜单命令“门窗”—“门窗”—“门窗工具”—“门口线”。执行命令后按图 2-77 所示进行操作。

如果门绘制错误，也可双击门进行修改。

同理，按照门的不同编号及大小，输入数据，完成其余门的绘制，完成后如图 2-78 所示。

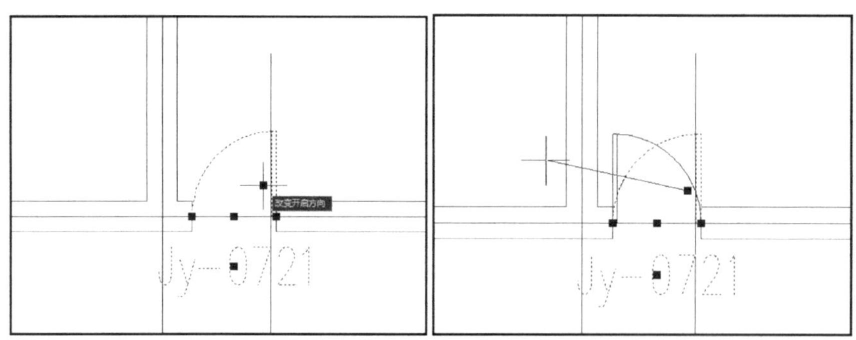

图 2-76

选择要加减门口线的门窗:找到 *1* 个(选择需要加门口线的门)
选择要加减门口线的门窗:(回车)
请点取门口线所在的一侧 <退出>:(用鼠标左键单击有门口线的一侧)

图 2-77

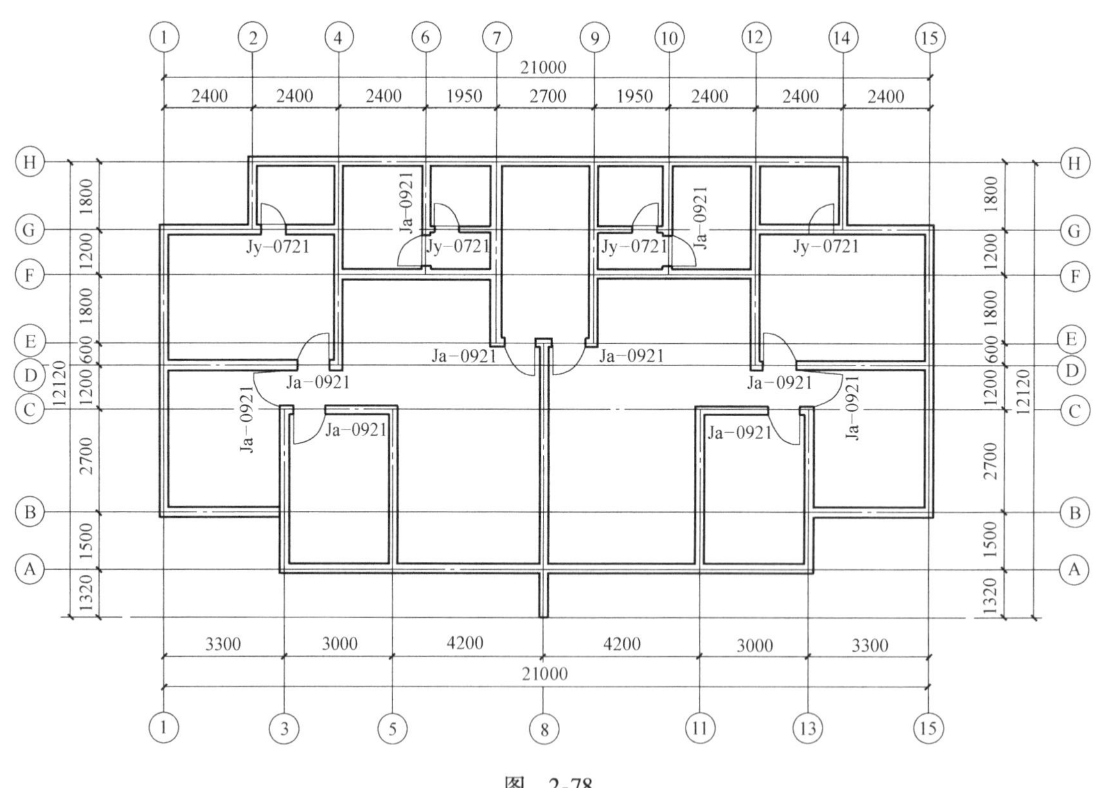

图 2-78

2）执行天正屏幕菜单中的“门窗”—“门窗”。选择 （窗），在对话框中输入如图2-79所示的数据，选择 （垛宽定距插入），确定后在有窗的墙上靠近窗垛的位置插入，如图2-80 所示。

图　2-79

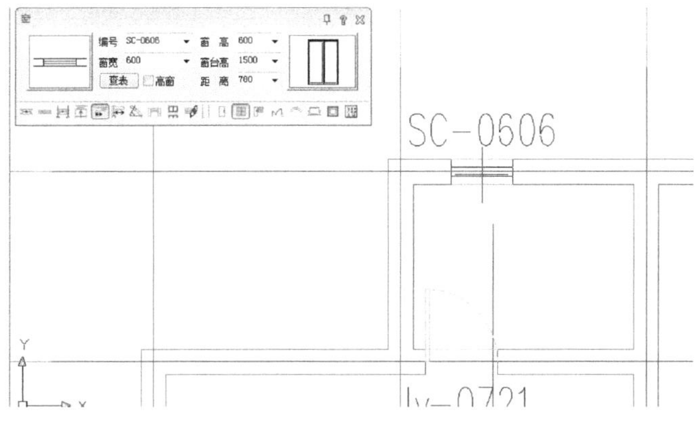

图　2-80

完成后双击窗户，在对话框中勾选“高窗”，单击“确定”，如图 2-81 所示。

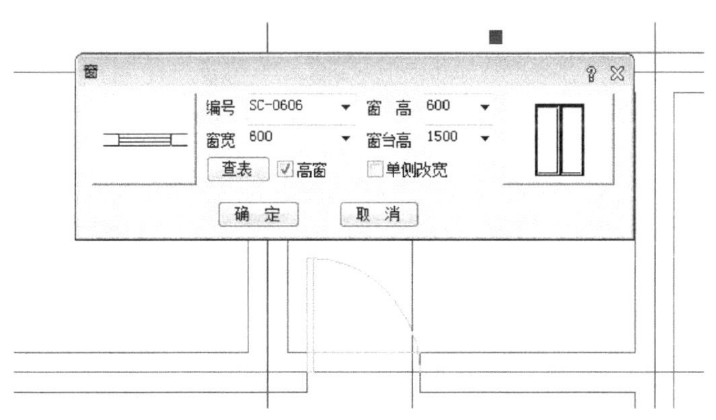

图　2-81

同理，按照窗的不同编号及大小，输入数据，完成其余窗的绘制。

3）再依次执行天正屏幕菜单中的“门窗”—“门窗”—（插门联窗）及（插矩形洞），按照上述方法完成所有门窗的绘制，如图 2-82 所示。

4. 绘制阳台及楼梯

1）执行天正屏幕菜单中的“楼梯其他”—“双跑楼梯”，将弹出“双跑楼梯”对话框。

在对话框中输入如图 2-83 所示的数据，并在楼梯间左上角端点插入此楼梯，如图 2-84 所示。

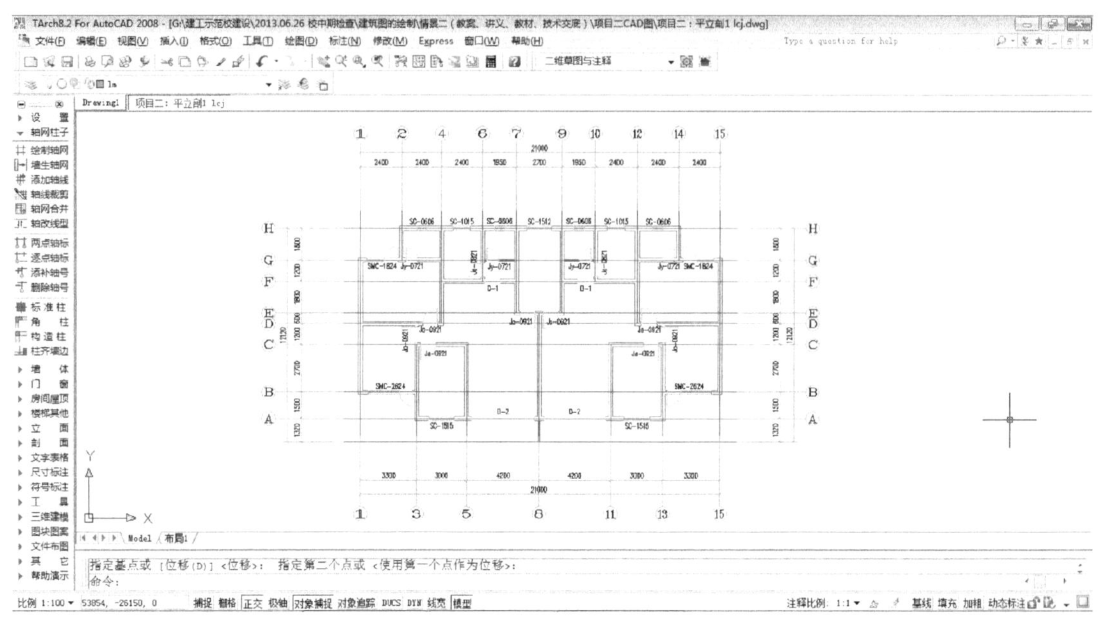

图 2-82

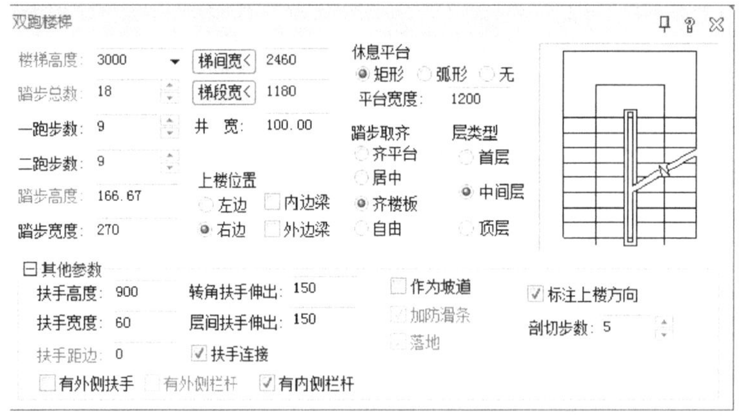

图 2-83

2）执行天正屏幕菜单中的“楼梯其他”—“阳台”，将弹出“绘制阳台”对话框。选择 （阴角阳台），在对话框中输入如图 2-85 所示的数据，并单击阳台起点及终点，绘制阴角阳台，如图 2-86 所示。

同理，根据图纸，在“绘制阳台”对话框中选择不同的阳台种类，绘制出图纸上的所有阳台，如图 2-87 所示。

在绘制客厅外的矩形三面阳台时，需要先绘制完阳台后再执行“墙体”绘制两户中间的隔墙。

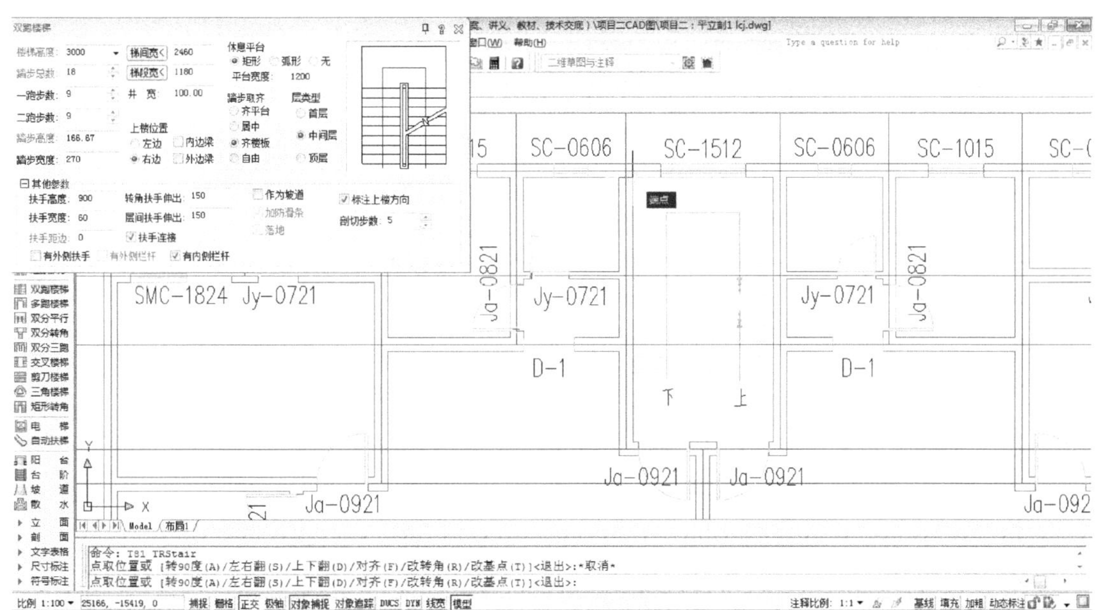

图　2-84

图　2-85

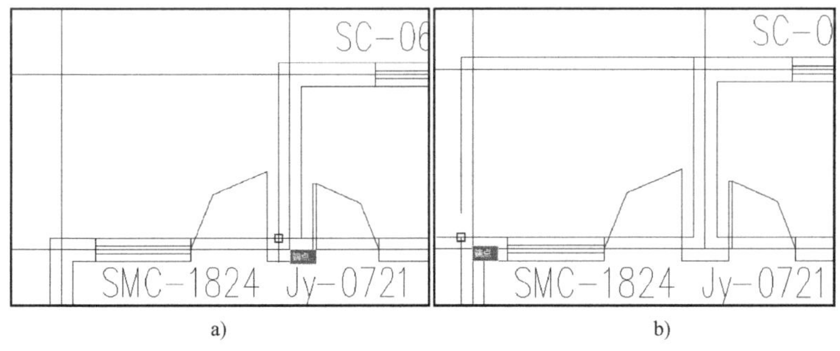

a)　　　　b)

图　2-86

5. 绘制各种尺寸、符号标注及文字标注

1）绘制尺寸标注。执行天正屏幕菜单中的“尺寸标注”—“门窗标注”，起点和终点分别单击窗户的外侧两点，如图 2-88 所示。

再选择其余需要标注的外墙（选择后呈虚线显示），如图 2-89 所示。选择完成后回车确定，完成其余窗户的标注，如图 2-90 所示。

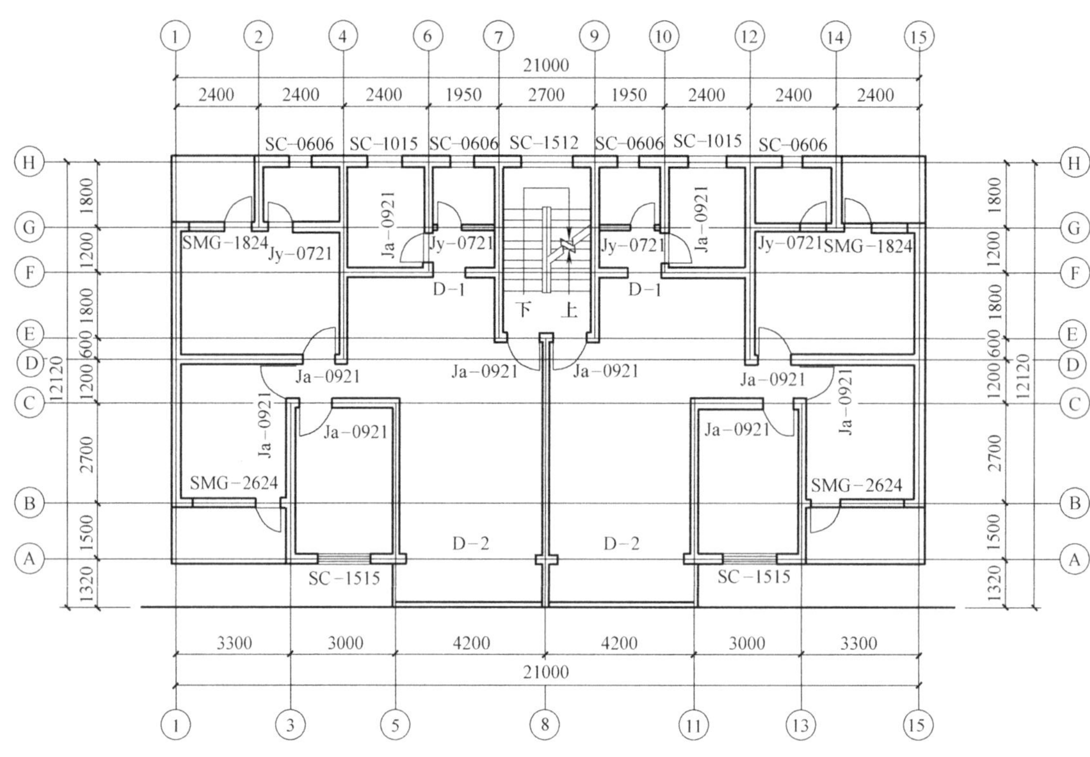

图 2-87

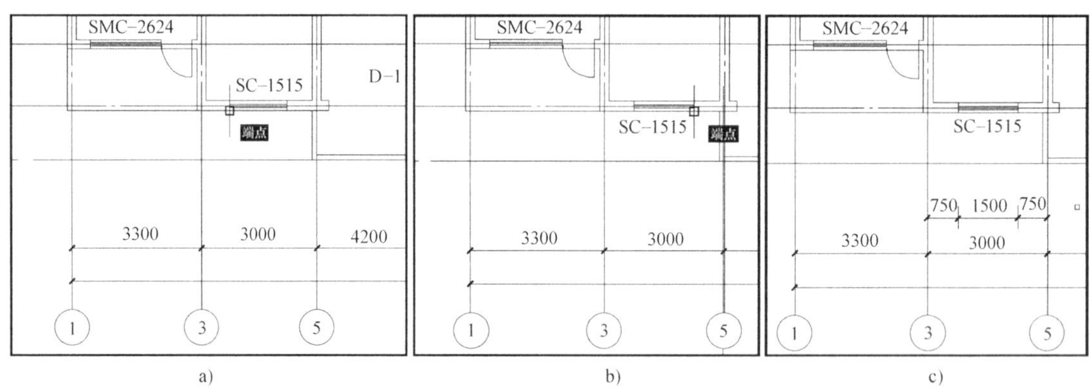

图 2-88

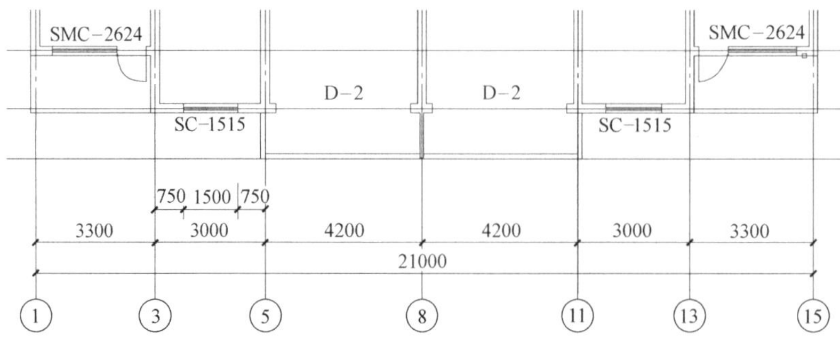

图 2-89

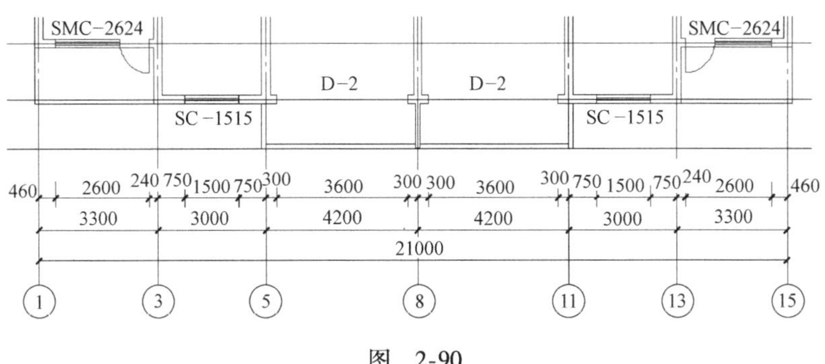

图　2-90

同理，完成所有外墙窗户的标注。

执行天正屏幕菜单中的“尺寸标注”—“尺寸编辑”—“增补尺寸”，选择需要增加尺寸标注的尺寸线，再在需要增加的位置单击鼠标左键，如图 2-91 所示，完成后回车确定。

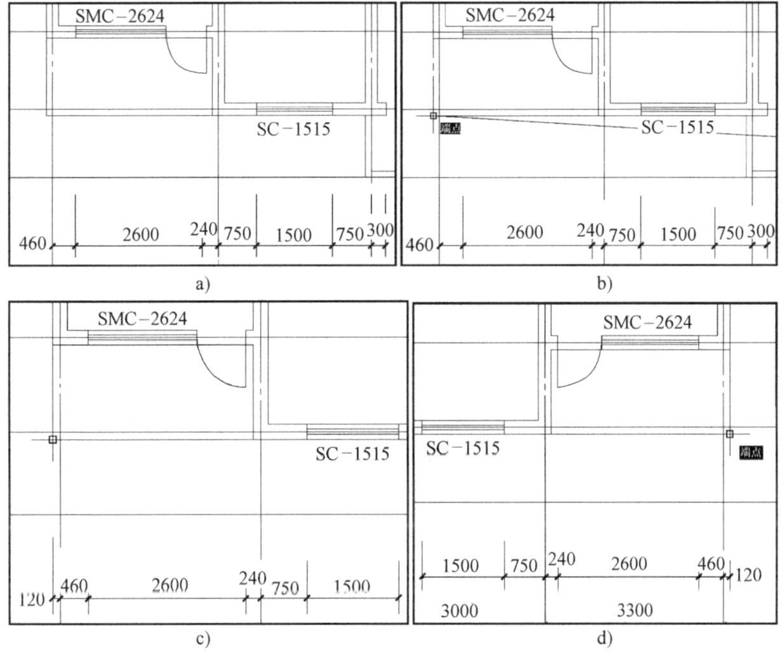

图　2-91

同理，执行“增补尺寸”“取消尺寸”等完成对所有外墙尺寸标注的修改，完成后如图 2-92 所示。

执行天正屏幕菜单中的“尺寸标注”—“逐点标注”，选择需要进行尺寸标注的门、内墙等，在门的宽度方向两点分别单击鼠标左键，再往下拉出尺寸界线并确定其长度（方法与 CAD 中的标注操作一致），完成后如图 2-93 所示。

2）绘制符号标注。执行天正屏幕菜单中的“符号标注”—“标高标注”，将弹出“标高标注”对话框。在对话框中输入如图 2-94 所示的数据，在房间内单击插入标高符号，并操作鼠标选择方向，如图 2-95 所示。

执行天正屏幕菜单中的“符号标注”—“剖面剖切”，步骤如图 2-96 所示。

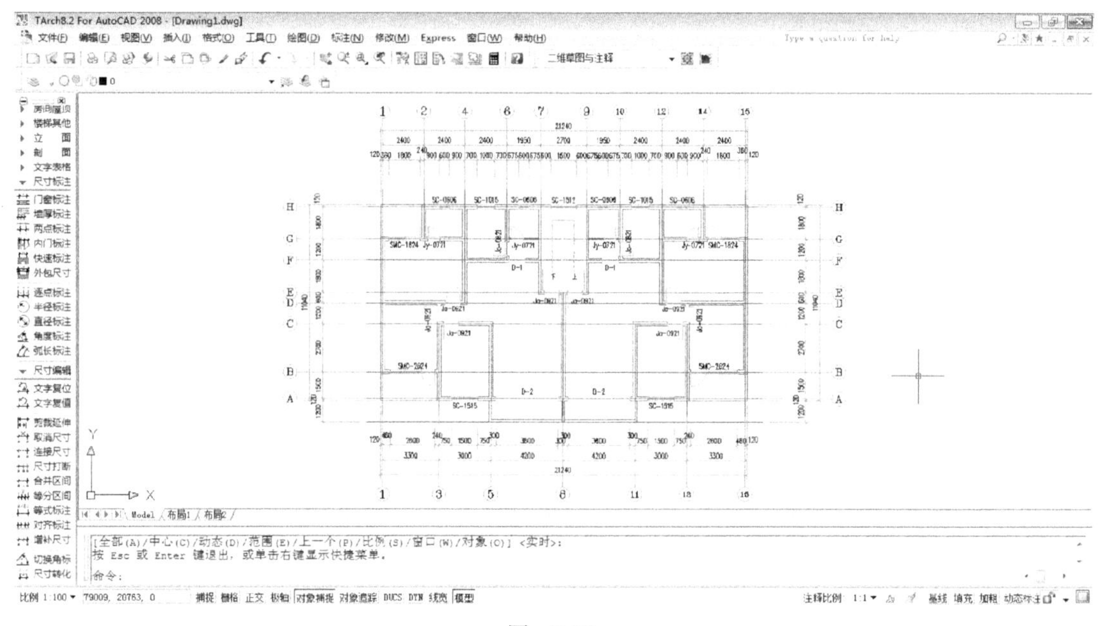

图　2-92

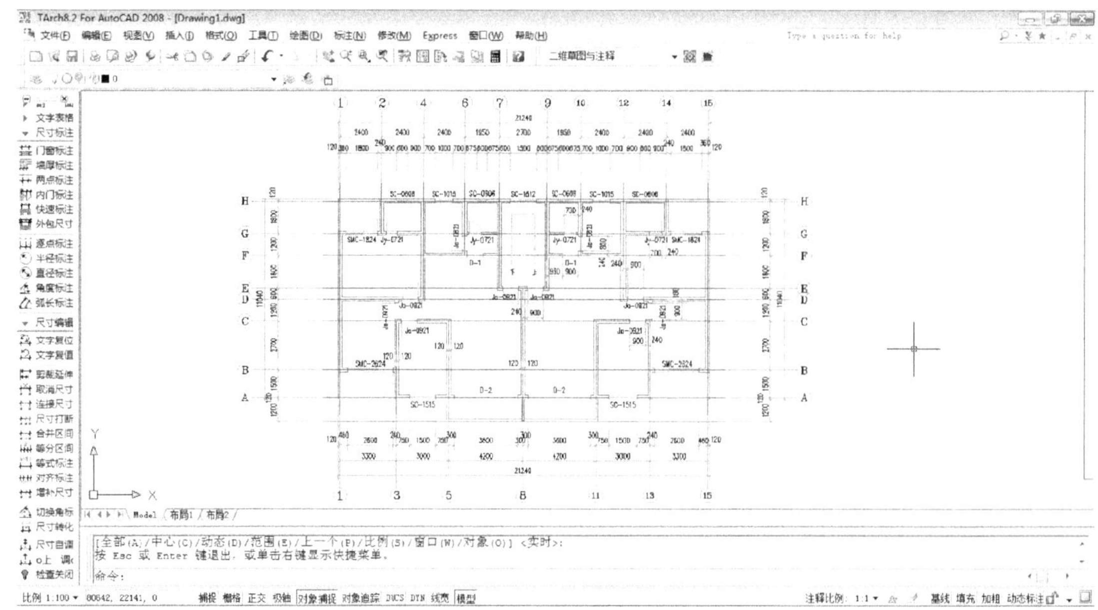

图　2-93

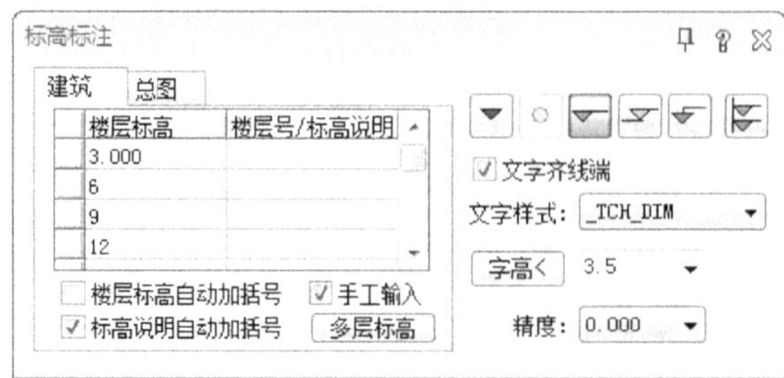

图　2-94

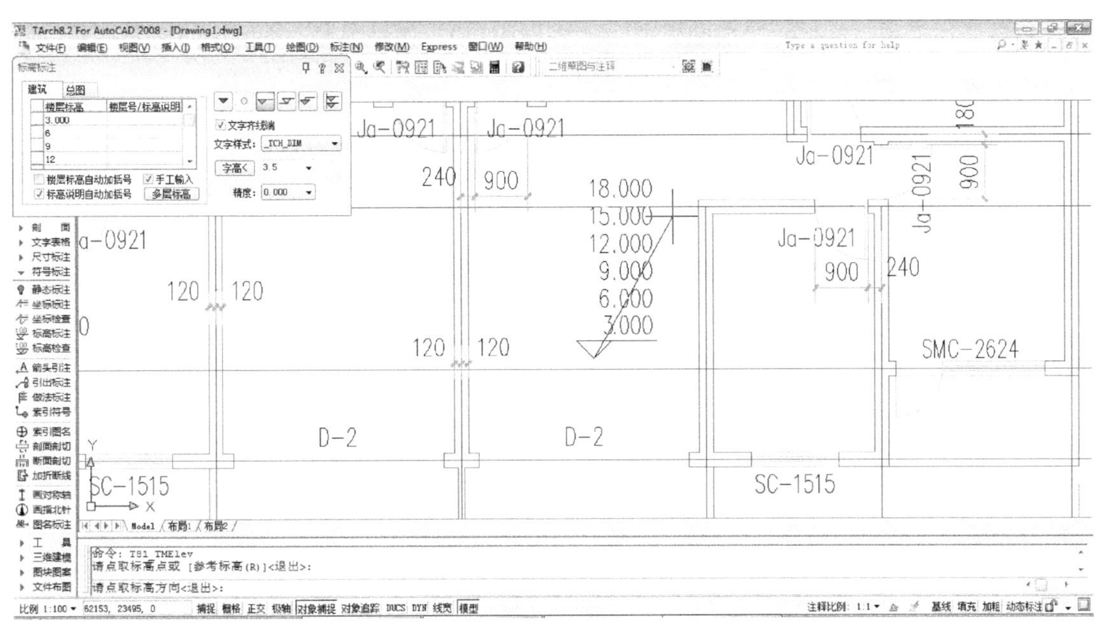

图　2-95

命令：*T81_TSection*（符号标注—剖面剖切）
请输入剖切编号 <*1*>：*1*（输入数字 *1*）
点取第一个剖切点 < 退出 >：　< 对象捕捉 关 >（按照图纸用鼠标左键单击剖切位置的第一点）
点取第二个剖切点 < 退出 >：< 正交 开 >（按照图纸用鼠标左键单击剖切位置的第二点）
点取下一个剖切点 < 结束 >：（回车）
点取剖视方向 < 当前 >：（用鼠标左键单击剖切线左边）

图　2-96

3）绘制文字标注等。执行天正屏幕菜单中的“文字表格”—“单行文字”，输入房间名称后单击房间插入文字，如图 2-97 所示。同理，插入其他房间的名称。

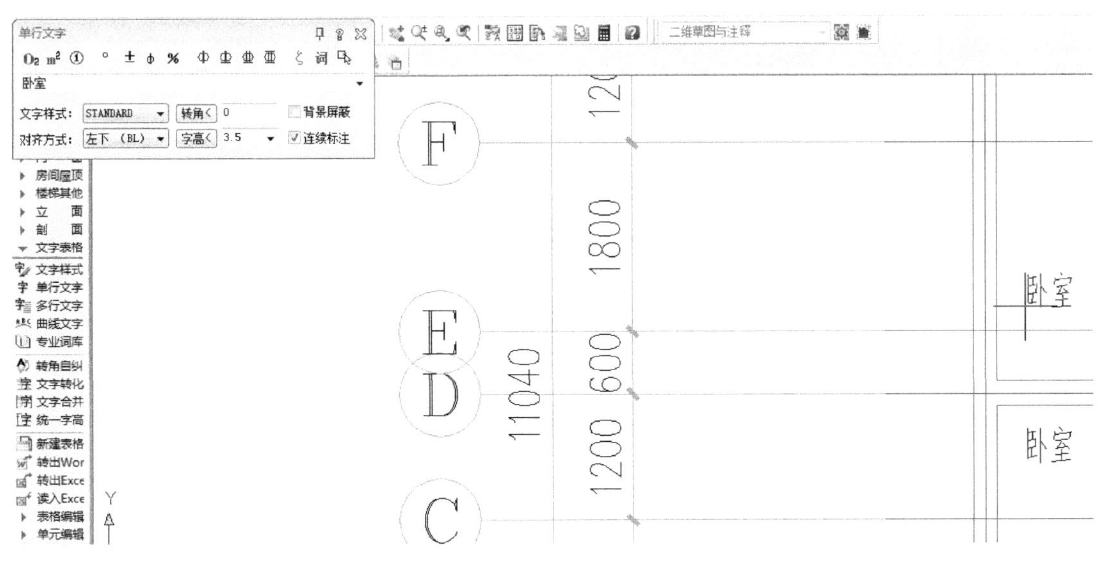

图　2-97

执行天正屏幕菜单中的“房间屋顶”—“查询面积”，选择需要查询的房间所有外墙，确定后单击房间内部完成，如图 2-98 所示。同理，查询输入其他房间的面积。

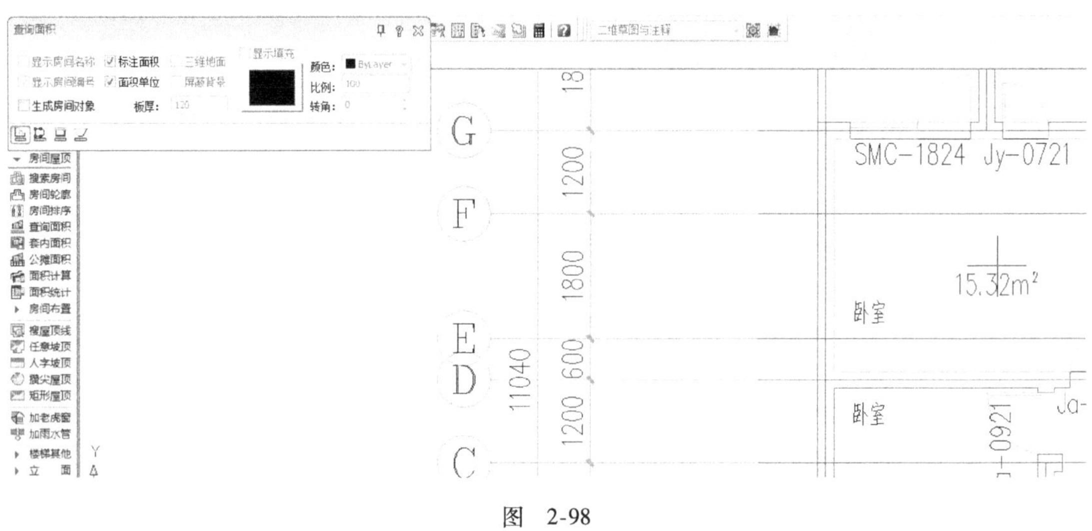

图　2-98

新建“家具”图层，并设置为当前。执行“填充”命令，选择适合的填充图案填充阳台地面。

6. 输入家具、图框等

设置“家具”为当前图层。执行天正屏幕菜单中的“图块图案”—“通用图库”，将弹出“天正图库管理系统”对话框。选择“打开图库”中的“二维图库”，如图 2-99 所示。

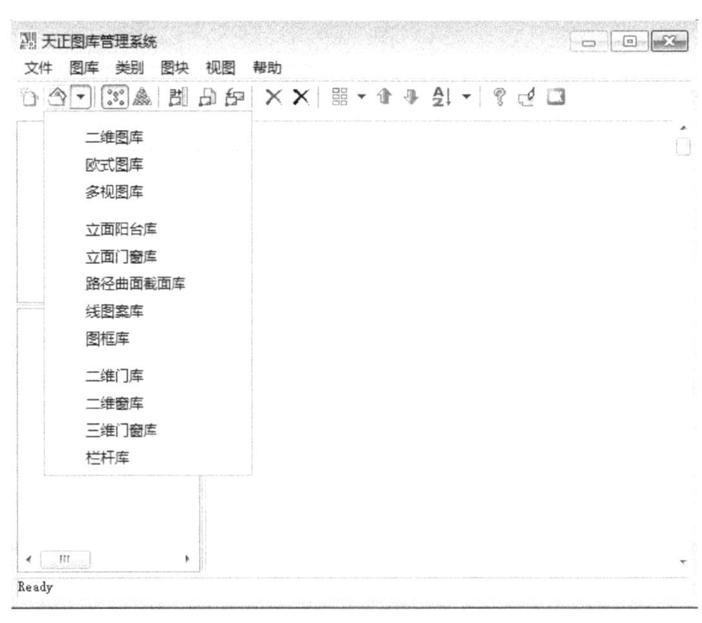

图　2-99

选择相应的图块图案，双击后在房间里插入，插入时可在“图块编辑”对话框中选择旋转或缩放图块。

执行天正屏幕菜单中的“符号标注”—“图名标注”，在“图名标注”对话框中输入图名“甲型二-七层平面图”，比例1∶100等，如图2-100所示。

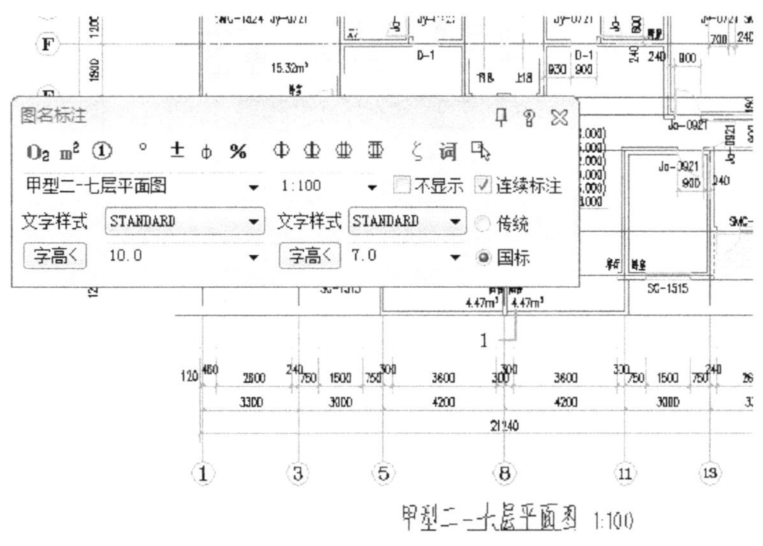

图　2-100

执行天正屏幕菜单中的“文件布图”—“插入图框”，弹出“插入图框”对话框，在对话框中输入数据，如图2-101所示。单击“插入”，在所绘平面图上单击插入A3图框，完成后如图2-102所示。

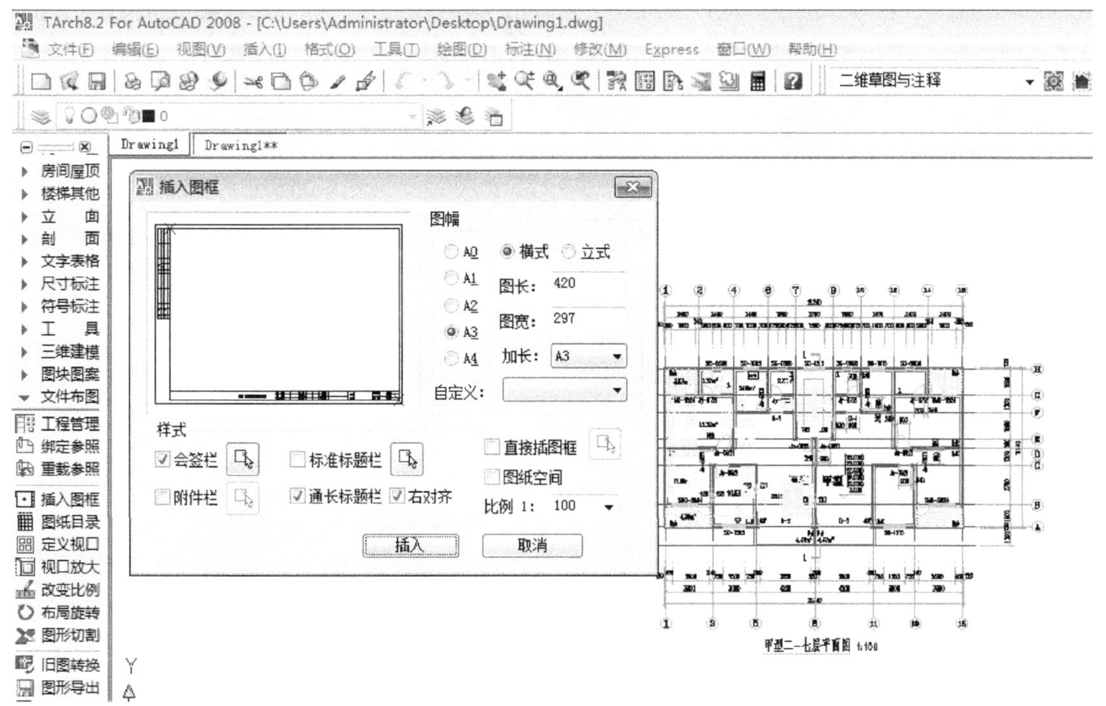

图　2-101

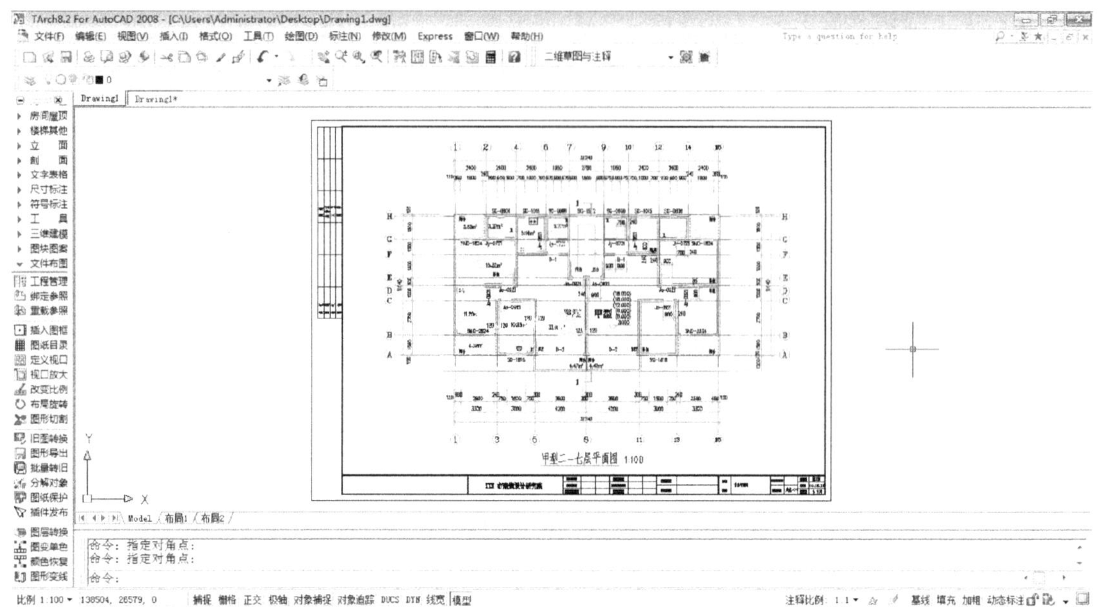

图 2-102

三、相关知识与技能

1. 天正建筑 8.0 界面介绍

天正建筑 8.0 的界面一共由标题栏、菜单栏、屏幕菜单、绘图区、命令行、状态栏六个部分组成，如图 2-103 所示。

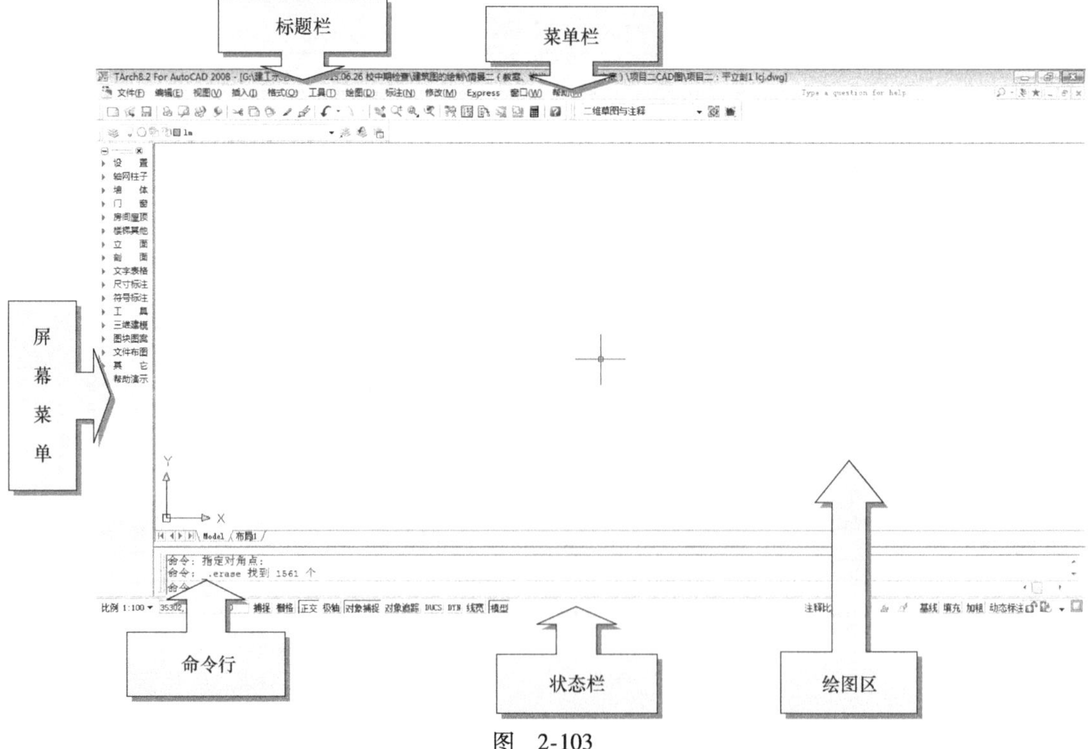

图 2-103

2. 与 CAD 的区别与联系

天正软件是在 CAD 平台的基础上开发的，有自己的一套操作菜单命令，同时原 CAD 的菜单也可以使用。设计建筑图采用天正软件更为快捷，因为有更多适用我国建筑的图库及专业符号等。

不安装 CAD 就无法安装使用天正软件。如果用 CAD 打开天正软件设计的图纸，会出现很多图元无法显示以及乱码等情况。天正软件有建筑、电气、给排水等相关专业，可以选择需要的专业进行安装。

3. 天正低版本的存储方法

执行“文件布图”—“图形导出”，在弹出对话框的“保存类型”中可以选择低版本，如图 2-104 所示。或者在命令行输入快捷命令“lcjb”，弹出“图形导出”对话框，在“保存类型”中选择需要保存的天正版本即可。

图　2-104

4. 天正屏幕菜单的开关

天正屏幕菜单是天正所有命令的集中，在绘图过程中，若不小心关闭，可通过以下方法调出：

1）若为天正低版本，则可用 <Ctrl> + <F12> 的快捷方式；若为天正高版本，则可用“<Ctrl> < + > < + >”的快捷方式。

2）通过快捷命令“tmnload”，加载天正菜单。

四、思考与练习

请用本任务学习的命令及方法绘制某建筑一层平面图的结构及各种标注，如图 2-105 所示。

小提示

绘制阳台时可以先用直线命令绘制出轮廓线后，再执行天正命令进行绘制。绘制完成后记得删除轮廓线。

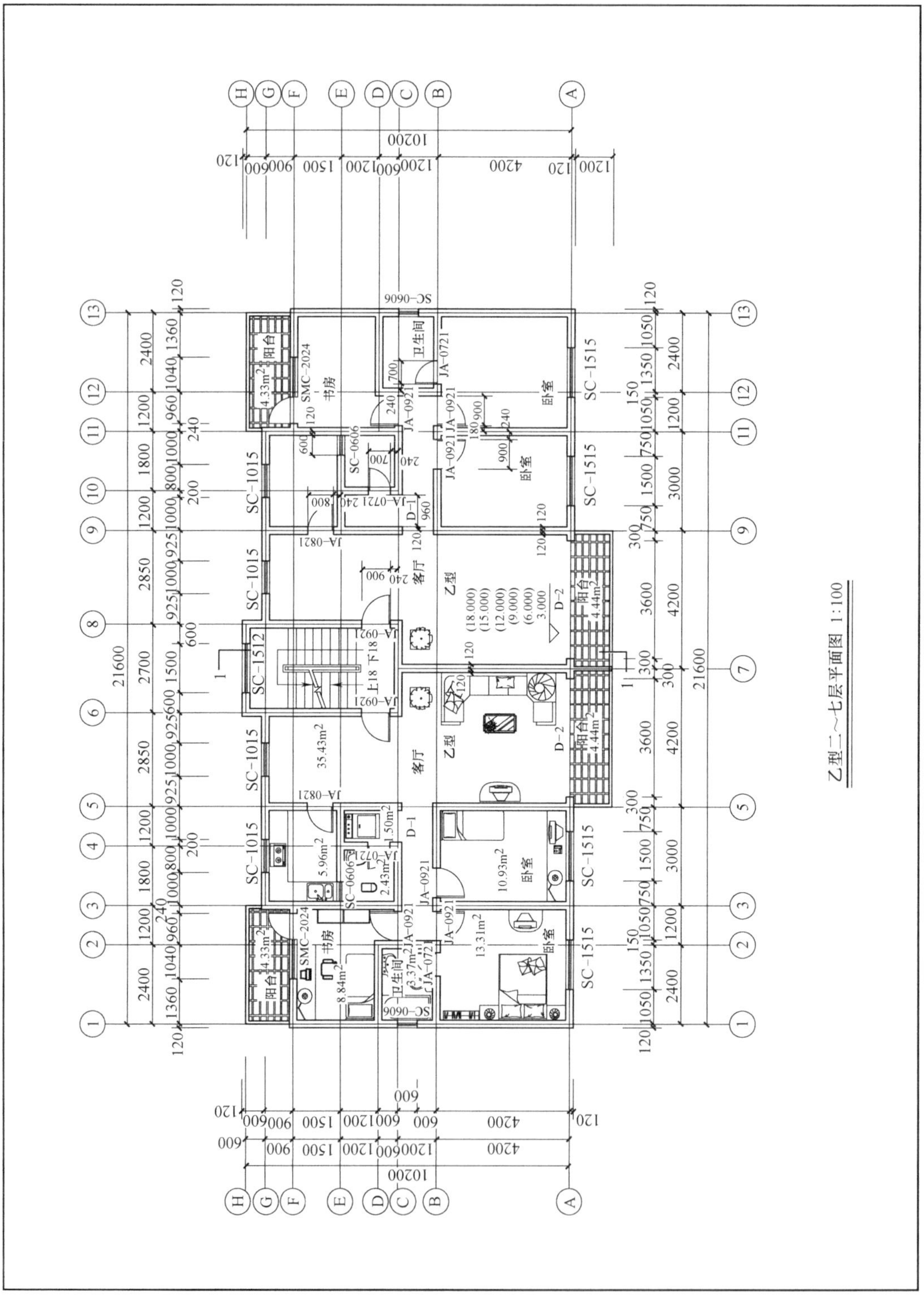

乙型二～七层平面图 1:100

图 2-105

情境三　建筑立面图的绘制

我们将通过一个任务来完成某建筑立面图——住宅的绘制，完成后效果如图 3-1 所示。

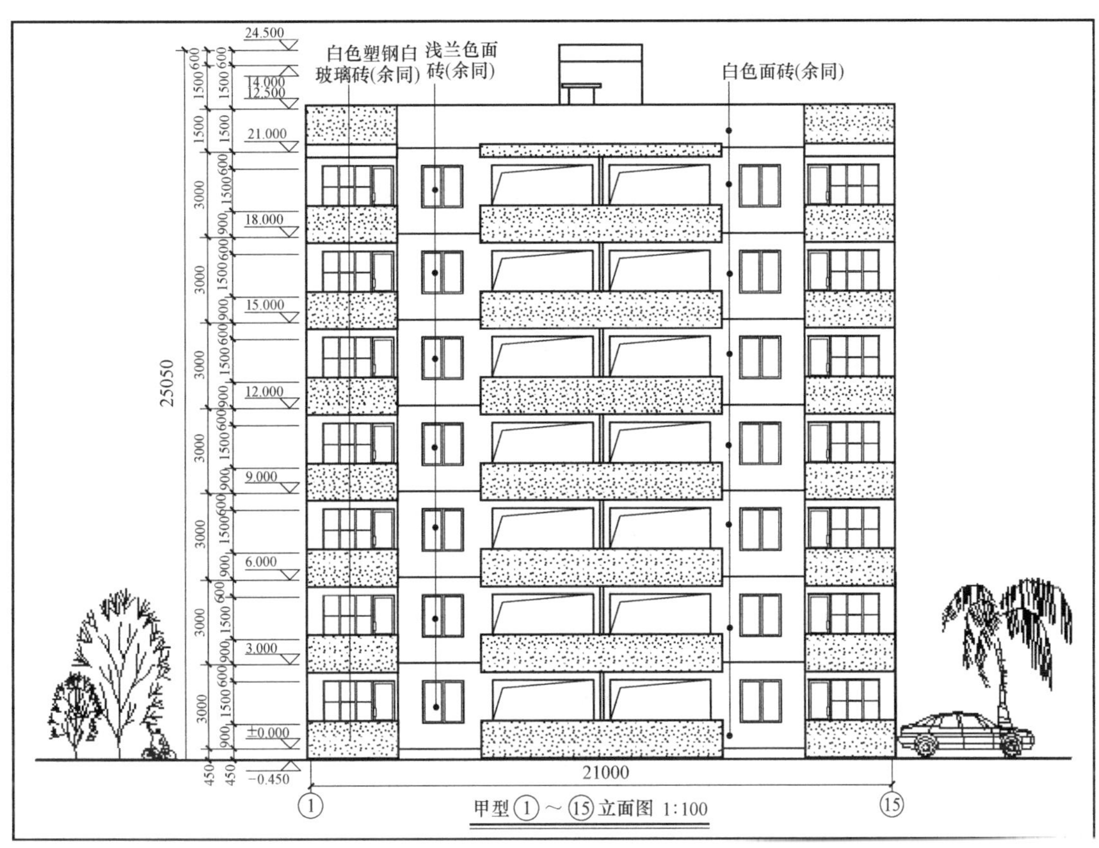

图　3-1　某住宅立面图

情境目标

1. 掌握建筑平面图生成建筑立面图的方法。
2. 熟练掌握建筑立面图的编辑修改。
3. 熟练掌握建筑立面图的尺寸、文字符号标注等。

任务　绘制建筑立面图

一、任务描述

通过对某住宅立面图的绘制，进一步掌握使用天正建筑 8.0 的基本绘图命令。

活动环境与工具

1. 活动环境

采用多媒体机房进行教学，每人一台计算机，老师课前安装好软件并逐台测试。

2. 资源准备

本节课教学前，教师将任务图纸、任务书、国家制图规范准备好，确保 CAD 天正软件能正常运行，并提供一套建筑立面图施工图纸（住宅）、文字说明、图片幻灯片和视频资料。

任务分析

根据某住宅建筑图纸要求运用天正建筑 8.0 的“构件立面”“填补轴号”及结合 Auto CAD 2008 的修改绘图命令等绘制住宅建筑的立面图的各种构件。

运用天正建筑 8.0 的“尺寸标注”中的“逐点标注”等命令绘制各种标注及文字。

二、方法与步骤

1. 根据平面图生成单层立面图

打开情境二中完成的住宅平面图，在平面图的基础上绘制建筑立面图。

执行天正屏幕菜单的“立面”—“构件立面”，在命令行中输入相关命令，如图 3-2 所示。

```
请输入立面方向或[正立面(F)/背立面(B)/左立面(L)/右立面(R)/顶视图(T)]<退出>: F(输入F,绘制正立面)
请选择要生成立面的建筑构件:指定对角点: 找到 222 个(框选所有平面图内容)
请选择要生成立面的建筑构件:(回车)
请点取放置位置:(在屏幕空白处单击鼠标左键)
```

图 3-2

生成的单层立面图如图 3-3 所示，生成的立面包括所有构件，需要进一步修改。

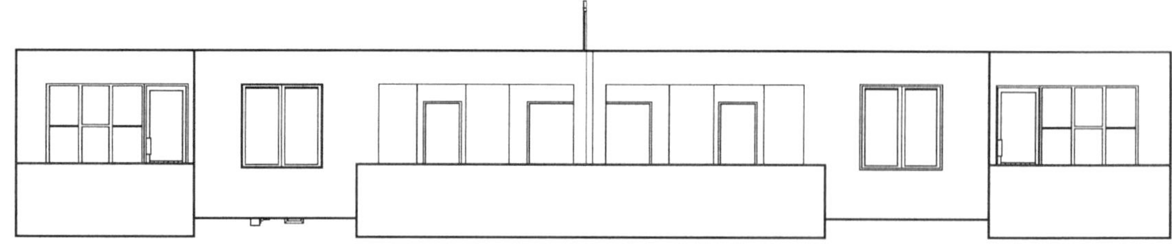

图 3-3

2. 修改单层立面图

执行删除快捷键“e”或键盘的〈Delete〉键，对不需要的线条进行删除。新建“立面图层”并设置为当前，执行填充命令“h”对阳台进行点状图案填充美化。执行直线命令“l”对阳台门洞进行表示。修改完成后的单层立面图如图 3-4 所示。

3. 绘制全部立面

执行工具栏上的“阵列”（快捷键为：ar），弹出“阵列”对话框，填入数据，如图 3-5

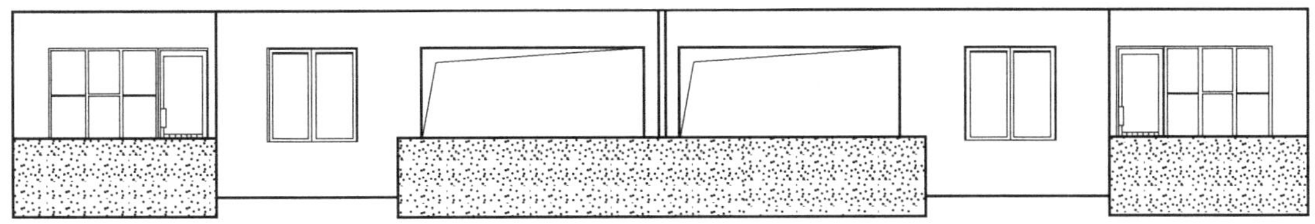

图　3-4

所示。选择单层立面，以 3000 为层高阵列 7 层，完成后如图 3-6 所示。

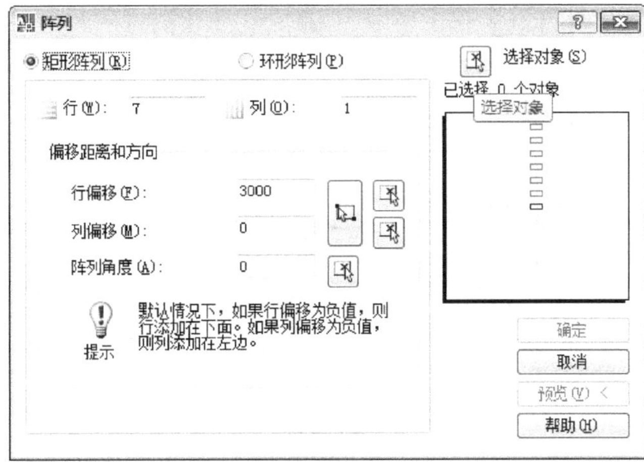

图　3-5

图　3-6

执行“删除”“多段线”“偏移”“直线”等 CAD 命令对生成的 7 层立面图进行修改，完成后如图 3-7 所示。

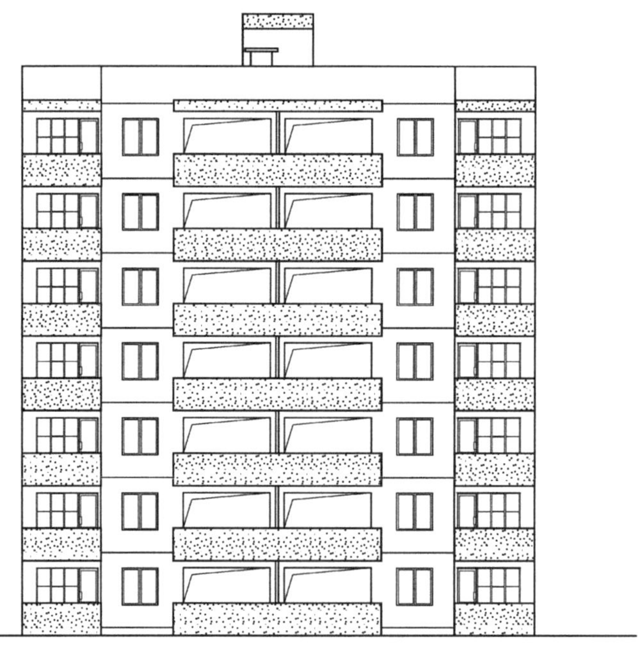

图 3-7

4. 标注、布图等

按照平面图绘制时的步骤，执行天正屏幕菜单中的“尺寸标注”—“逐点标注”，对立面图进行尺寸标注，标注门窗、层高及总尺寸。

执行天正屏幕菜单中的“符号标注”中的“标高标注”“图名标注”“引出标注”等，根据建筑图纸，完成所有的文字符号的绘制。

执行天正屏幕菜单中的“图块图案”—“通用图库”，打开二维图库中的立面图库，选择适合的立面配景并插入。

执行天正屏幕菜单中的“文件布图”—“插入图框”，选择与平面图一致的图框并单击插入立面图。

完成所有步骤后如图 3-1 所示。

三、相关知识与技能

在天正工具栏空白处单击鼠标右键，在弹出的快捷菜单中选择“ACAD”中的“视觉样式”及“视图”，打开两个工具条，如图 3-8 所示。

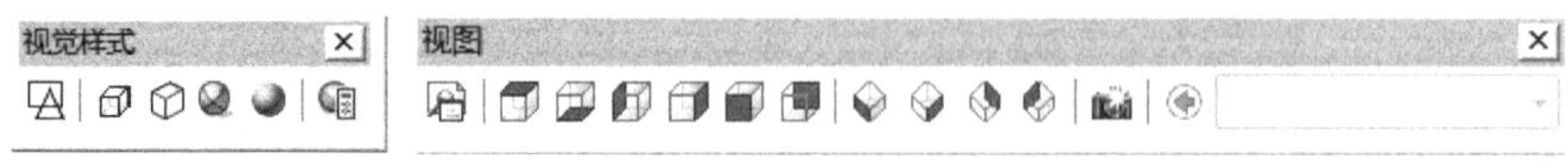

图 3-8

在视图中选择“西南等轴测”或“东南等轴测”等，在视觉样式中选择“三维隐藏视觉样式”，天正平面图将如图 3-9 所示进行显示。

图　3-9

在视图中选择“西南等轴测”或“东南等轴测”等，在视觉样式中选择“概念视觉样式”，天正平面图将如图 3-10 所示进行显示。

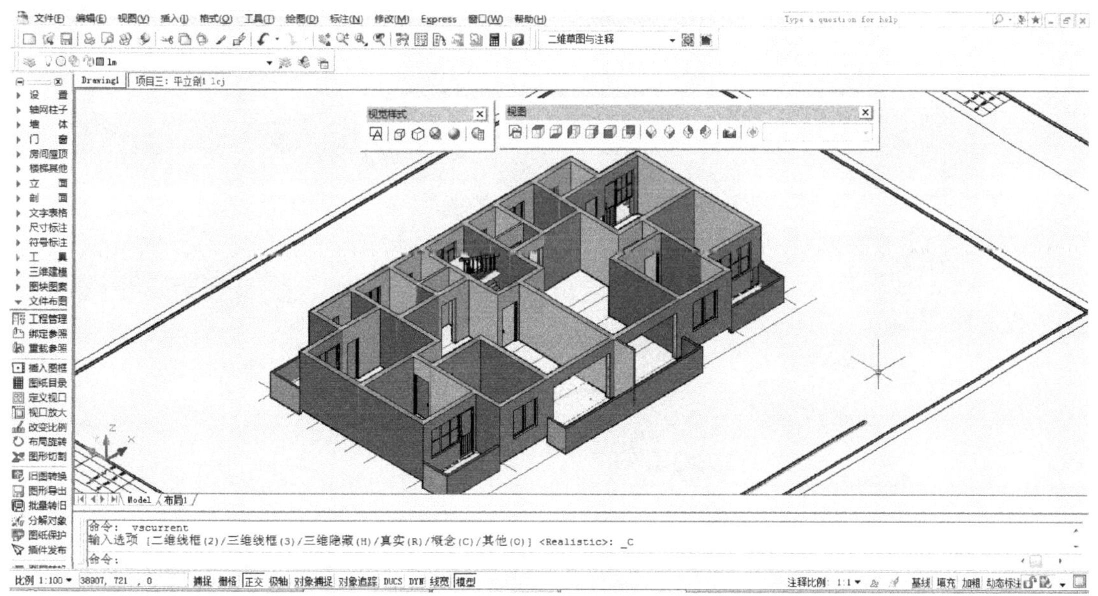

图　3-10

三维图可以直观地显示出平面图中构件的各种关系，也可以进行绘制后的检查。

观看检查完成后，单击视图中的“俯视”及视觉样式中的“二维线框”，回到正常绘制过程。

四、思考与练习

请用本任务学习的命令及方法绘制某建筑立面图，内容如图 3-11 所示。

小提示

标注时可以先作辅助线，让需要捕捉的点都在一条直线上，再进行尺寸标注。这样标注的尺寸界限长度统一、美观。

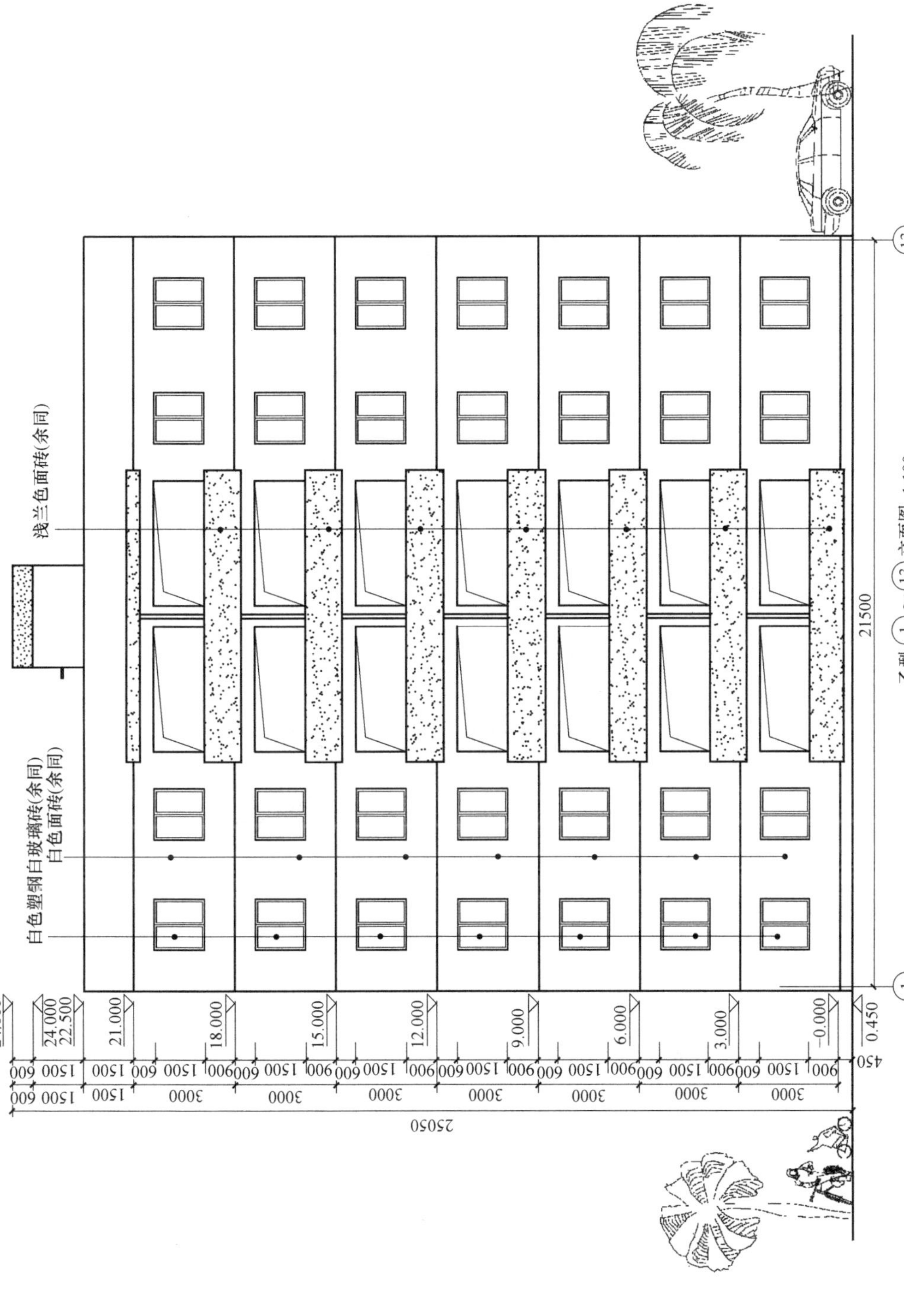

浅兰色面砖(余同)

白色塑钢白玻璃砖(余同)

白色面砖(余同)

乙型 ①～⑬ 立面图 1:100

图 3-11

情境四　建筑剖面图的绘制

我们将通过一个任务来完成某建筑剖面图——住宅的绘制，完成后效果如图 4-1 所示。

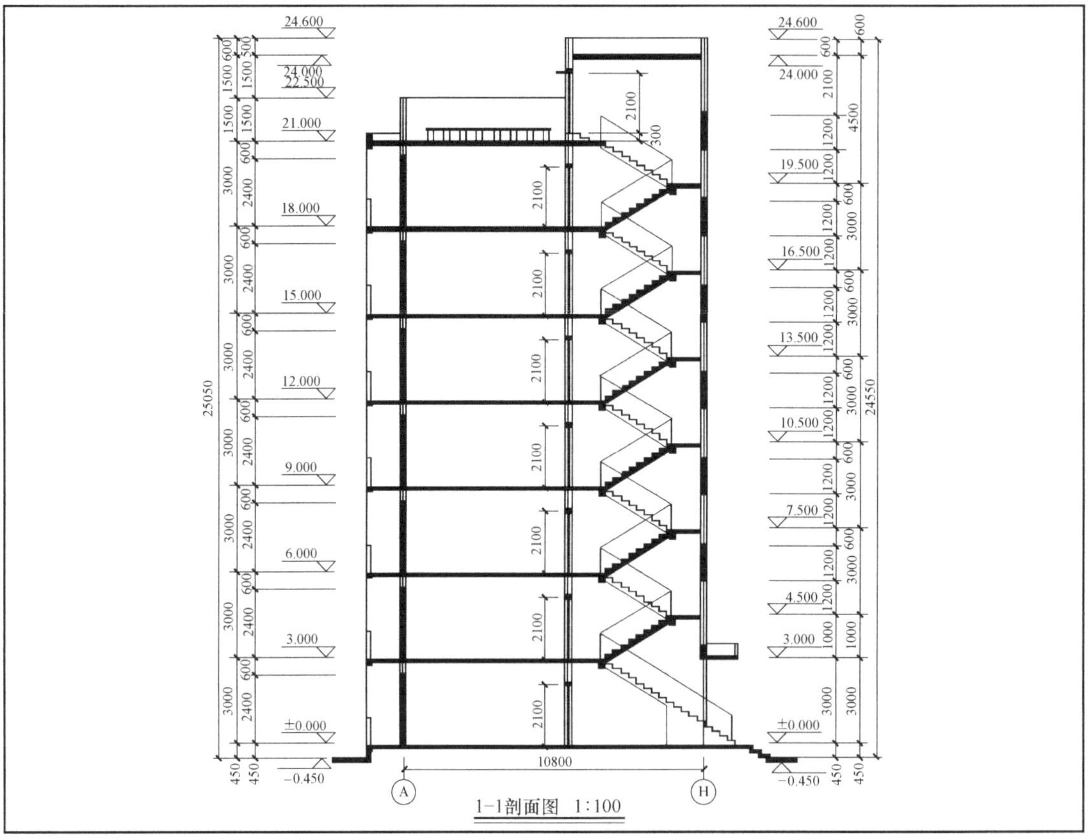

1-1剖面图　1:100

图　4-1

情境目标

1. 掌握建筑平面图生成建筑剖面图的方法。
2. 熟练掌握建筑剖面图的编辑修改。
3. 熟练掌握建筑剖面图的尺寸、文字符号标注等。

任务　绘制建筑剖面图

一、任务描述

本任务通过对某住宅剖面图的绘制，进一步提高使用天正建筑进行绘图的能力。

活动环境与工具

1. 活动环境

采用多媒体机房进行教学，每人一台计算机，老师课前安装好软件并逐台测试。

2. 资源准备

本节课教学前，教师将任务图纸、任务工单、国家制图规范准备好，确保天正软件能正常运行，并提供一套建筑剖面图施工图纸（住宅）、文字说明、图片幻灯片和视频资料。

任务分析

根据住宅建筑图纸要求运用天正的“构件剖面”“添补轴号”及结合 AutoCAD 2008 的修改绘图命令等绘制住宅建筑的剖面图的各种构件。

运用天正的“尺寸标注”中的“逐点标注”等命令绘制各种标注及文字。

二、方法与步骤

1. 根据平面图生成单层剖面图

打开情境二中完成的住宅平面图，在平面图的基础上绘制建筑剖面图。

执行天正屏幕菜单的“剖面”—“构件剖面”，在命令行中输入相关命令，如图 4-2 所示。

```
请选择一剖切线:(单击选择 1—1 剖切线)
请选择需要剖切的建筑构件:指定对角点: 找到 222 个(框选平面图所有构件等)
请选择需要剖切的建筑构件:(回车)
请点取放置位置:(在屏幕空白处单击鼠标左键)
```

图 4-2

生成的单层剖面如图 4-3 所示，生成的剖面包括所有构件等，需要进一步修改。

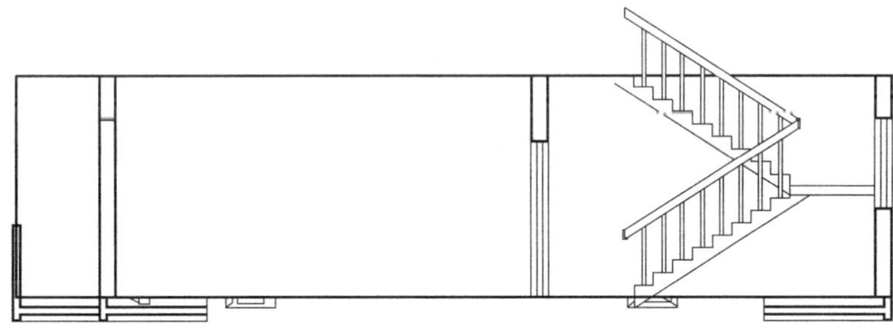

图 4-3

2. 修改单层剖面

执行删除快捷键“e”或键盘的〈Delete〉键，对不需要的线条进行删除。新建“剖面图层”并设置为当前，执行直线命令“l”等绘制楼板等构件。执行填充命令“h”对楼板等进行实心图案填充美化。修改完成后的单层剖面如图 4-4 所示。

3. 绘制全部剖面

执行工具栏上的“阵列”（快捷键为 ：ar），弹出“阵列”对话框，输入数据，如图 4-5所示。选择单层剖面，以 3000 为层高阵列 7 层，完成后如图 4-6 所示。

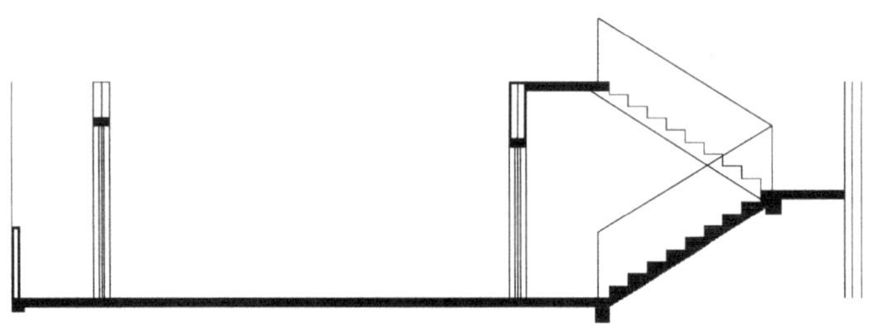

图 4-4

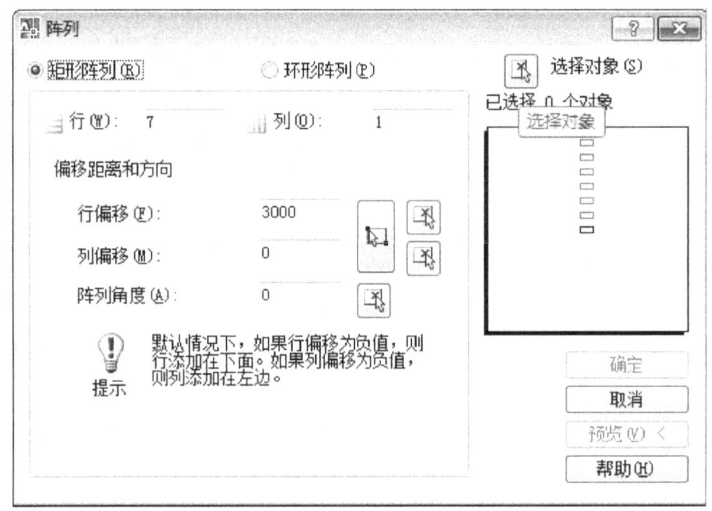

图 4-5

执行“删除”“多段线”“偏移”“直线”等 CAD 命令对生成的 7 层剖面图进行修改，完成后如图 4-7 所示。

4. 标注、布图

按照剖面图绘制时的步骤，执行天正屏幕菜单中的“尺寸标注”—“逐点标注”，对剖面图进行尺寸标注，标注门窗、层高及总尺寸。

执行天正屏幕菜单中的“符号标注”中的“标高标注”“图名标注”，根据建筑图纸，完成所有的文字符号的绘制。

执行天正屏幕菜单中的“文件布图”—“插入图框”，选择与平面图一致的图框并单击插入剖面图。

完成所有步骤后如图 4-1 所示。

三、相关知识与技能

➢ “工具”—“选项” 常用命令的修改应用

在 CAD 或天正的绘制过程中，为了提高绘制效率，方便绘制操作，可以在菜单的“工具”命令中打开“选项”命令面板，如图 4-8 所示。

“选项”面板中，“显示”面板中单击“颜色”，弹出“图形窗口颜色”对话框，可以改变绘图窗口背景颜色，如图 4-9 所示。

在“草图”面板中，可按照自己的绘图习惯，修改捕捉标记及靶框大小，如图 4-10 所示。

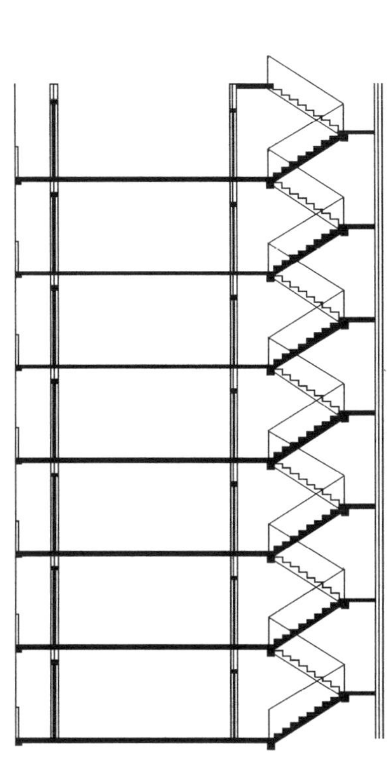

图　4-6

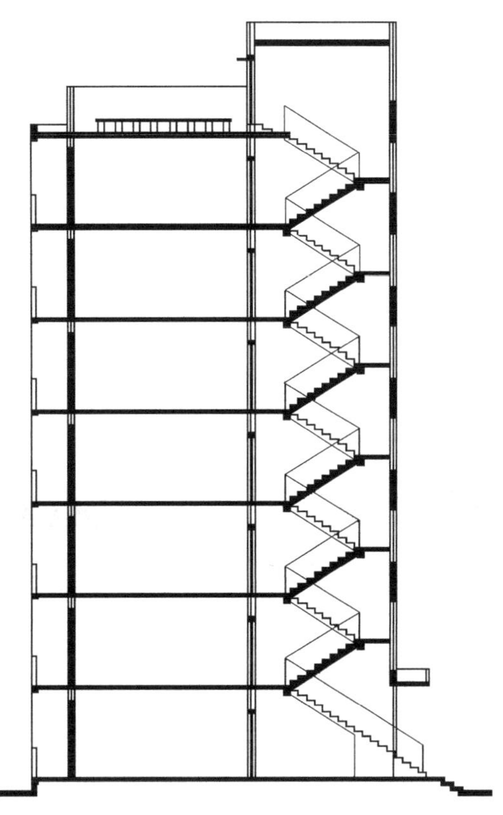

图　4-7

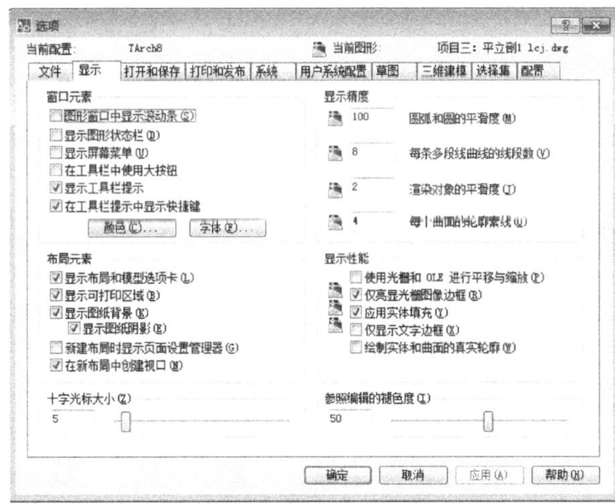

图　4-8

在“用户系统配置”面板中，单击“自定义右键单击”，可以设置在绘图过程中单击右键的结果。

四、思考与练习

请用本任务学习的命令及方法绘制某建筑剖面图，内容如图 4-11 所示。

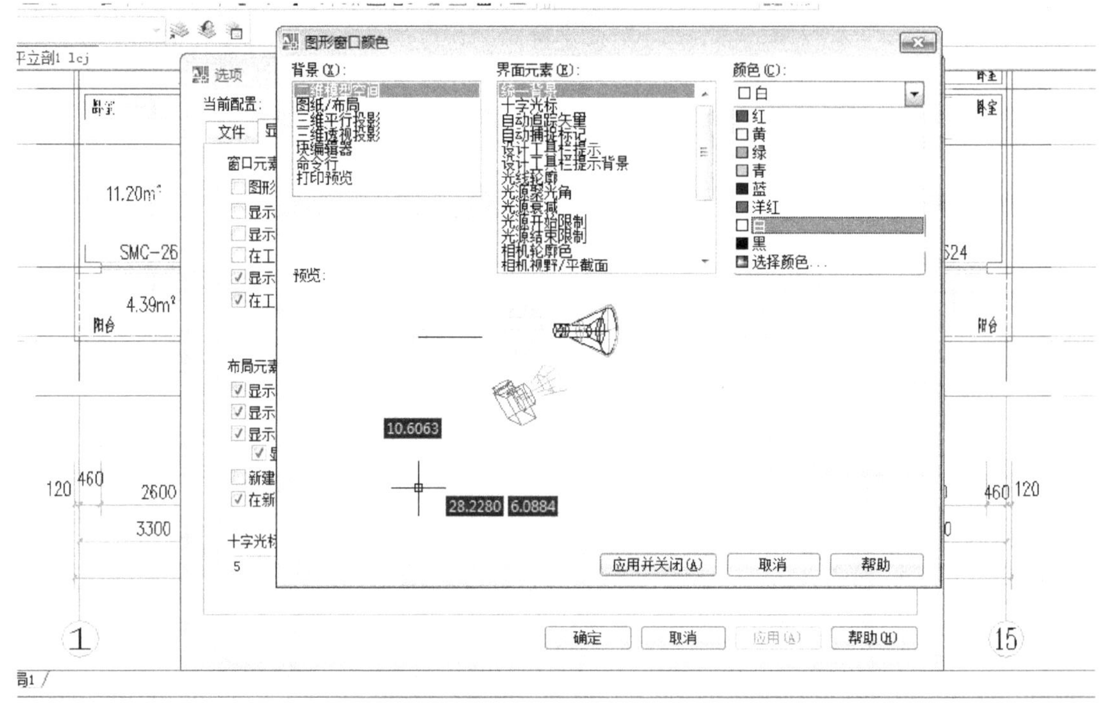

图 4-9

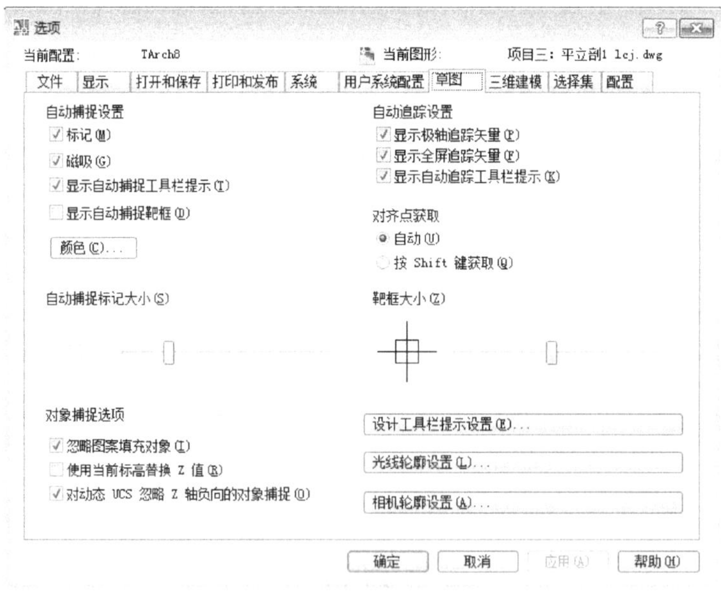

图 4-10

小提示

插入图框时注意可选择立式图框。

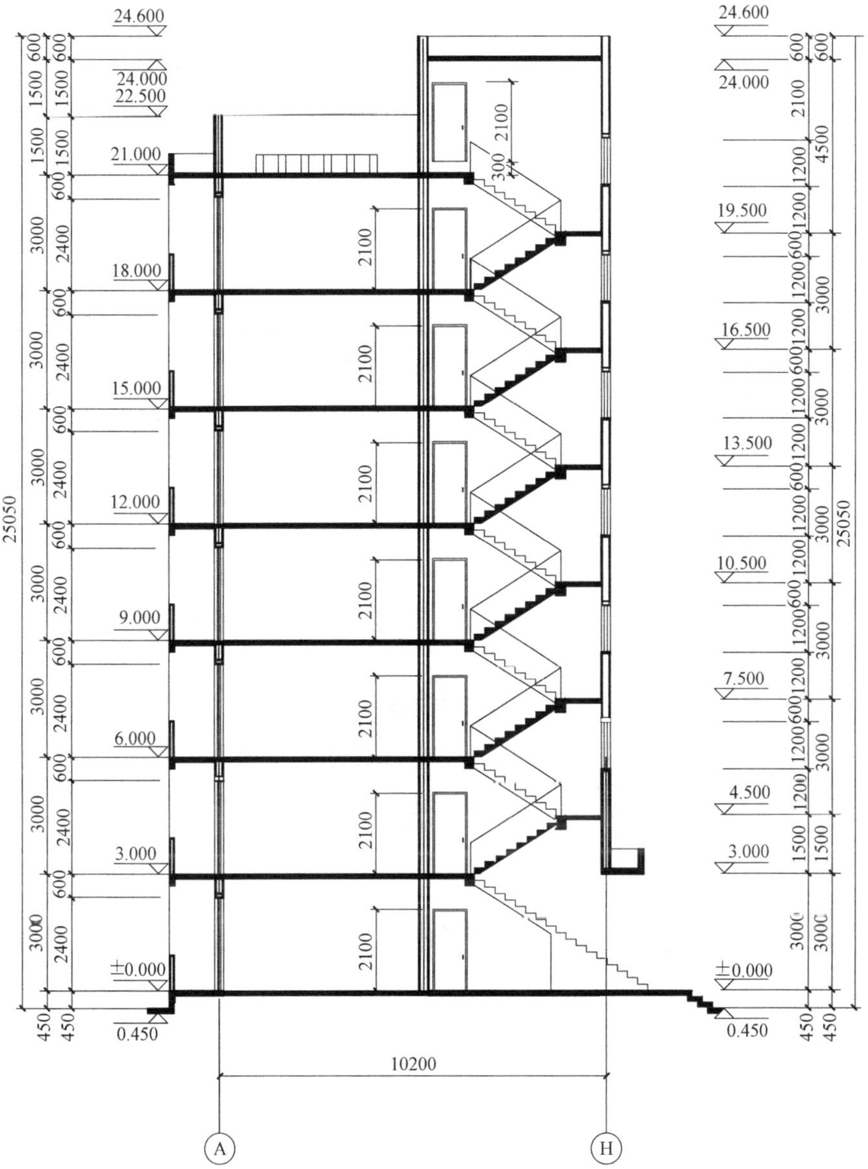

1—1剖面图　1:100

图　4-11

情境五　建筑总平面图的绘制

我们将通过一个任务来完成某建筑总平面图——小区住宅总平面图的绘制，完成后效果如图 5-1 所示。

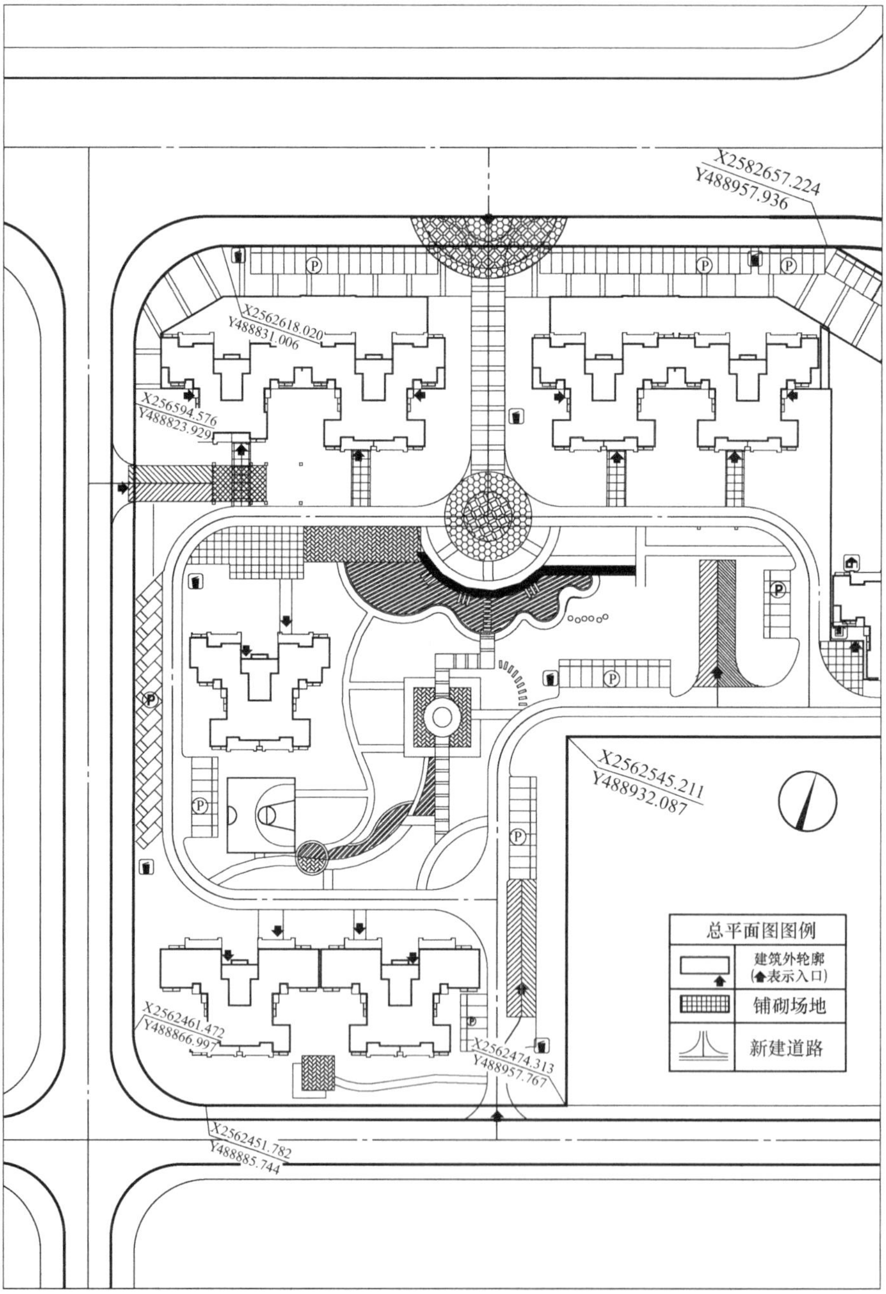

图 5-1　建筑总平面图

情境目标

1. 掌握建筑总平面图的绘图单位、图层、标注的设置。
2. 熟练掌握道路、建筑外轮廓及小区人行道路等的相关知识及绘制方法。
3. 熟练掌握用地红线的相关知识与绘制方法。
4. 熟练绘制停车位及植物。
5. 掌握文字、符号、测量坐标的绘制。
6. 熟练掌握地面铺装的填充。

任务　绘制建筑总平面图

一、任务描述

在已经初步掌握 AutoCAD 2008、天正建筑 8.0 的基本绘图命令的情况下，通过对建筑总平面图绘图环境的设置及图层、道路、车库、坐标等的绘制，巩固对绘图软件绘图命令的使用，提高对图纸的编辑能力。

活动环境与工具

1. 活动环境

采用多媒体机房进行教学，每人一台计算机，老师课前安装好建筑绘图软件并逐台测试。

2. 资源准备

本任务教学前，教师将任务图纸、任务工单、建筑制图规范准备好，确保天正软件能正常运行，并提供建筑总平面图的其中一部分、图片幻灯片和视频资料。

任务分析

根据图纸要求设置绘图环境及图层，综合运用“直线”“多段线”“填充”“矩形”等绘图命令和“偏移”“修剪”“多段线”“延伸”等修改命令，绘制道路、用地红线、住宅外轮廓线、植物、停车位、各种标志、文字和建筑坐标。

二、方法与步骤

1. 新建文件并设置绘图环境

打开天正建筑 8.0，新建一个空白文档并保存到指定存储盘。执行工具栏上的“图层特性管理器”（快捷键为：la），单击“新建图层”按钮新建图层，并按图 5-2 所示设置每个图层的名称、颜色、线型及线宽。

图层名分别为：道路车行道、道路人行道、道路-中线、建筑平面轮廓线、景观、停车位、文字、标注。

执行菜单中的“格式”—“图形界限”，设置左下角坐标为“0，0”，右上角坐标为“1500000，1500000”（估计图形所占用的空间，一般为总长或总宽的 5 倍），再执行菜单中

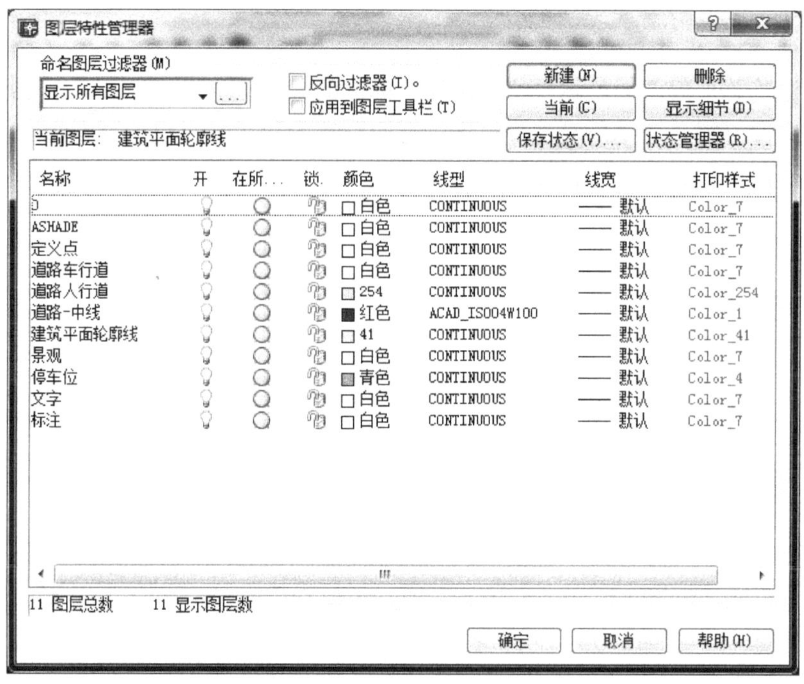

图 5-2

的“视图-缩放-全部”（快捷键为：z 回车 a 回车）。

2. 绘制道路

设置当前图层为“道路车行道”，单击键盘上的〈F8〉，打开“正交”。运用工具栏上的“直线”“偏移”“修剪”等命令，绘制车行道路，运用“倒圆角”命令，绘制道路转角位置，如图 5-3 所示。

运用“偏移”命令，偏移出道路旁边人行道，如图 5-4 所示。

运用天正菜单中的“工具”—“曲线工具”—“加粗曲线”，加粗道路的线，如图 5-5 所示。

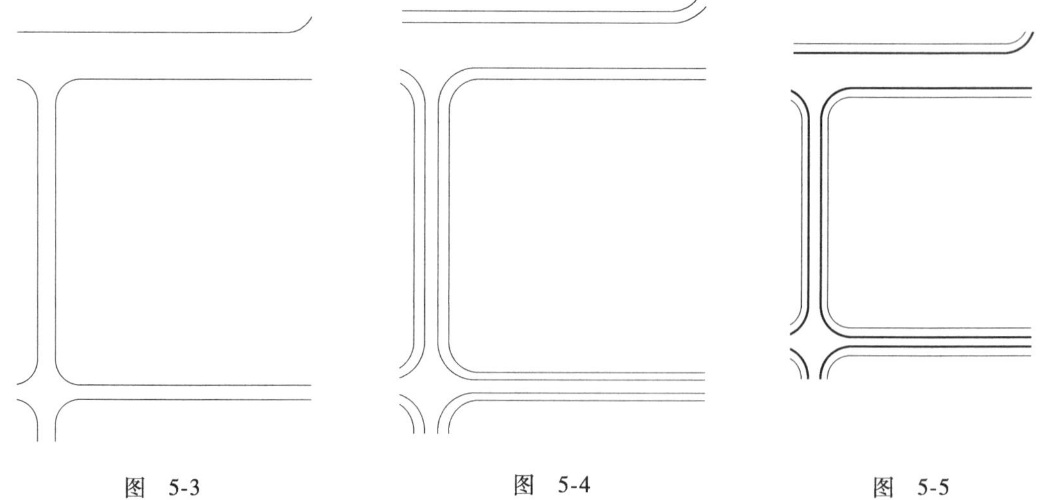

图 5-3　　图 5-4　　图 5-5

运用“多段线”命令，绘制出用地红线；运用天正建筑菜单中的“符号标注”—“引线标注”，标出测量坐标，如图 5-6 所示。

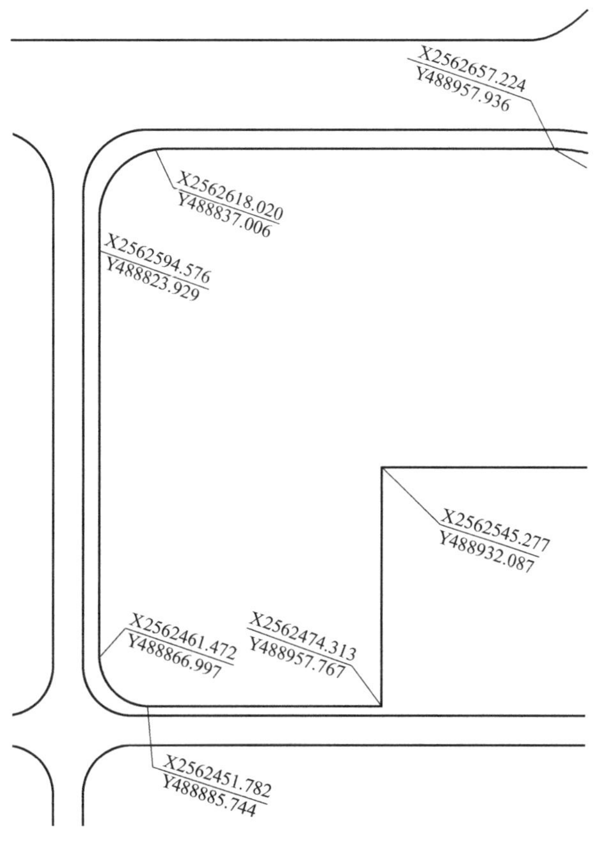

图　5-6

利用当前图层，绘制小区内道路，并运用“道路”—“中线”的图层，完成道路中线的绘制，如图 5-7 所示。

3. 绘制建筑外轮廓线

切换至“建筑外轮廓线”的图层，运用“直线”“多段线”“修剪”“偏移”等命令绘制单个住宅的外轮廓线，如图 5-8 所示。

将绘制的单个住宅的外轮廓线复制到指定位置，如图 5-9 所示。

4. 绘制停车位

打开“图层管理器”，将图层切换至“停车位”的图层，运用“矩形”“直线”等命令绘制出停车位，如图 5-10 所示。

5. 小区内人行道路

切换图层至“道路人行路”，运用“直线”“样条曲线”“偏移”“修剪”“延伸”等命令绘制小区内人行道路。

6. 其他设施、景观和场地

运用“直线”“样条曲线”“弧线”“圆”“矩形”“偏移”“修剪”“延伸”等命令，绘制小区内的其他设施和场地，如图 5-11 所示。

X2562657.224
Y488957.936
X2562618.020
Y488837.006
X256594.576
Y488823.929
X2562545.277
Y488932.087
X2562461.472
Y488866.997
X2562474.313
Y488957.767
X2562451.782
Y488885.744

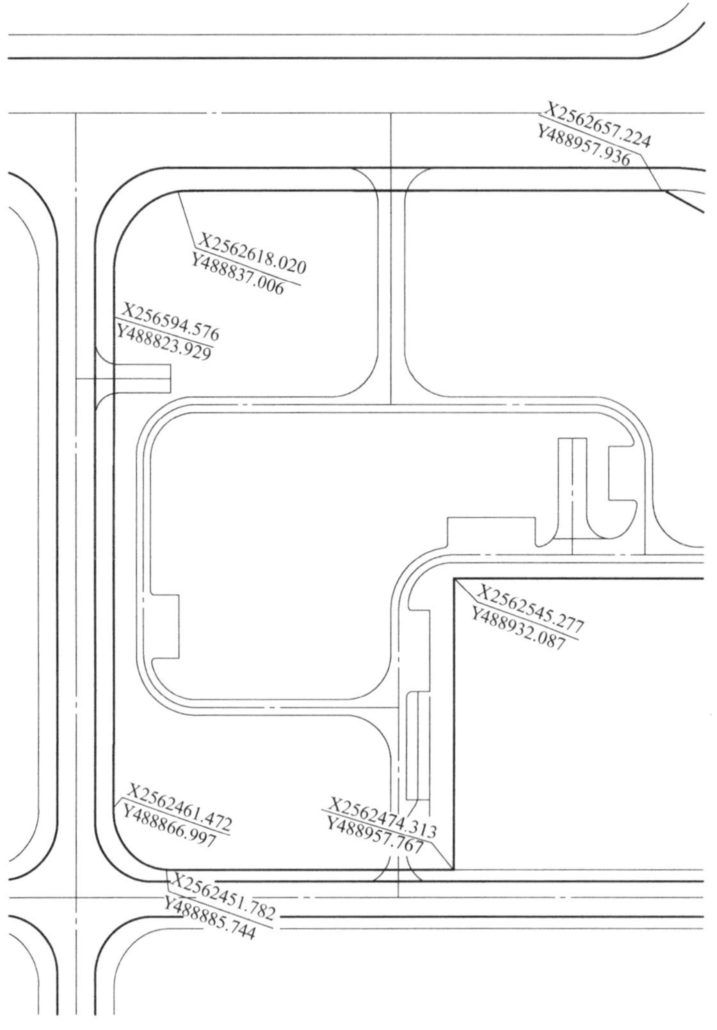

图 5-7

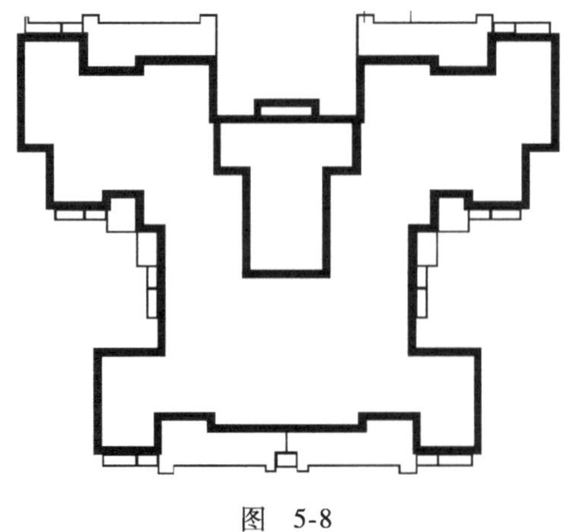

图 5-8

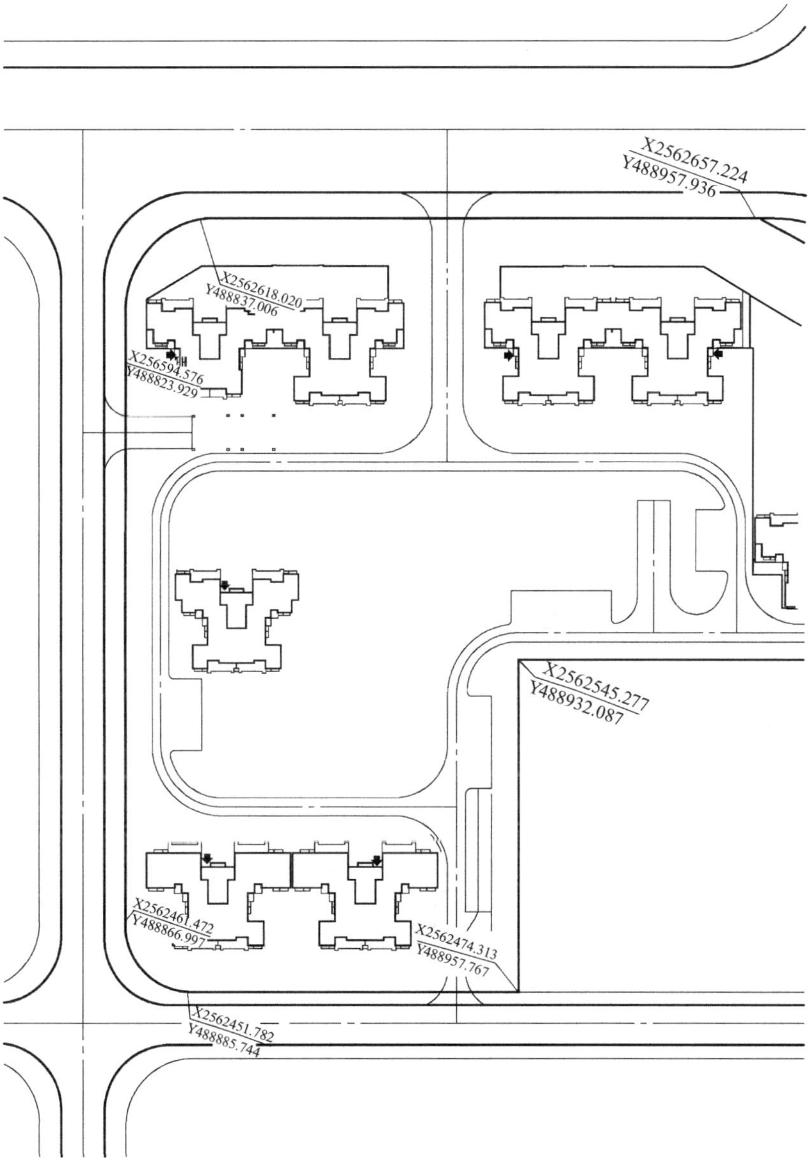

图　5-9

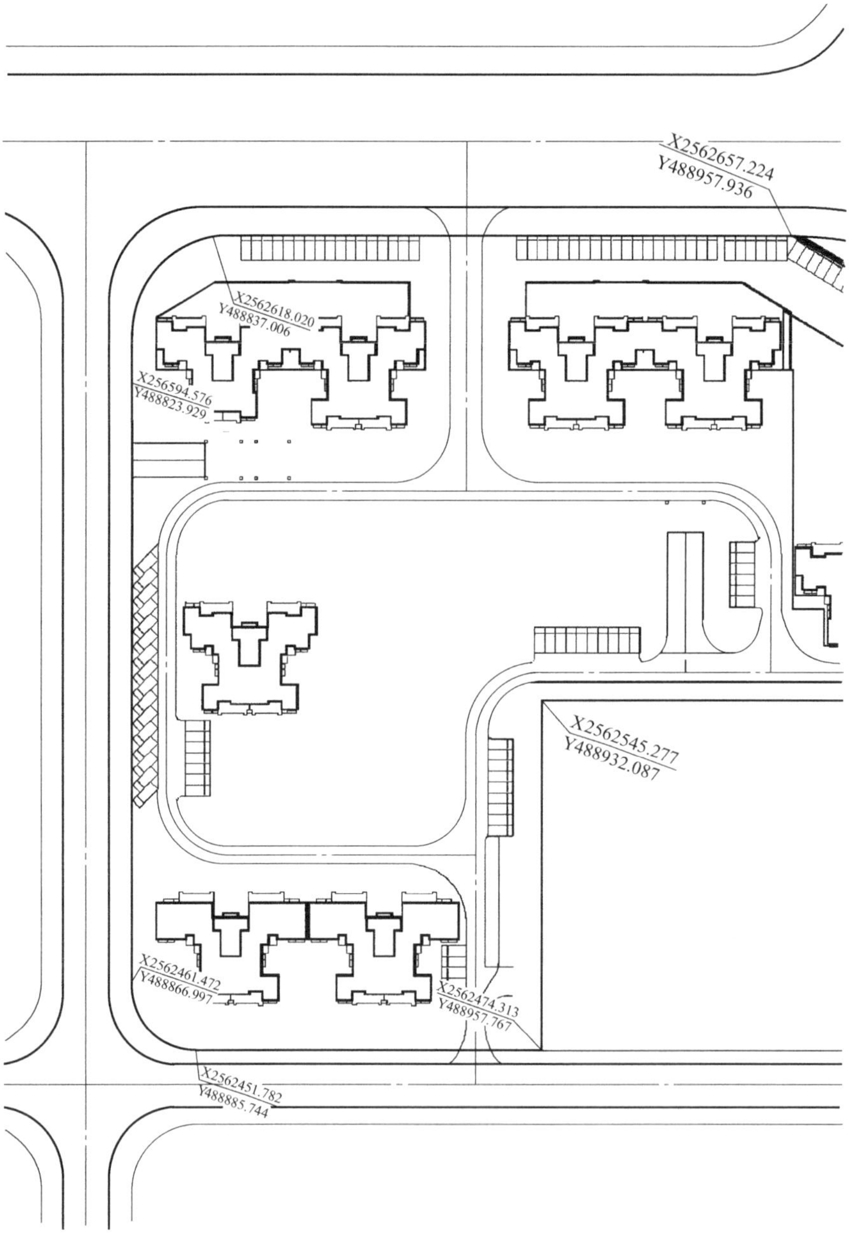

图 5-10

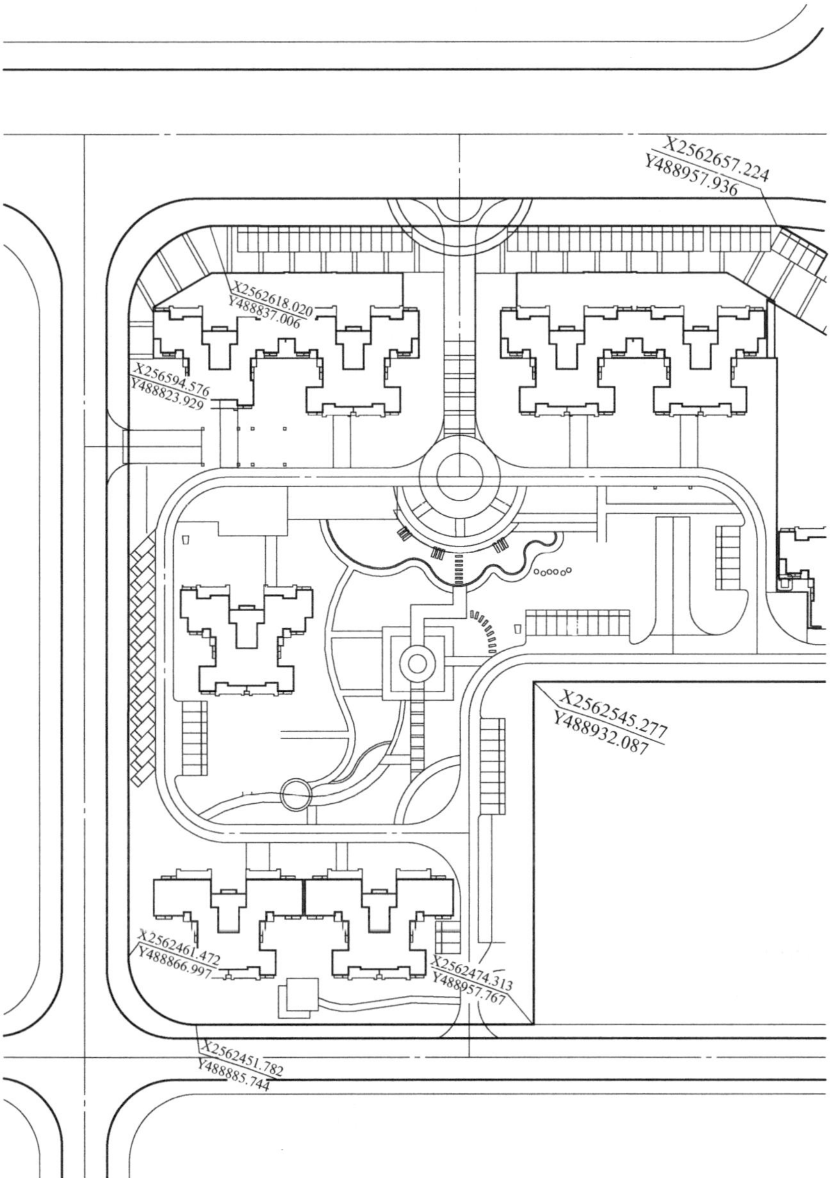

X2562657.224
Y488957.936

X2562618.020
Y488837.006

X256594.576
Y488823.929

X2562545.277
Y488932.087

X2562461.472
Y488866.997

X2562474.313
Y488957.767

X2562451.782
Y488885.744

图 5-11

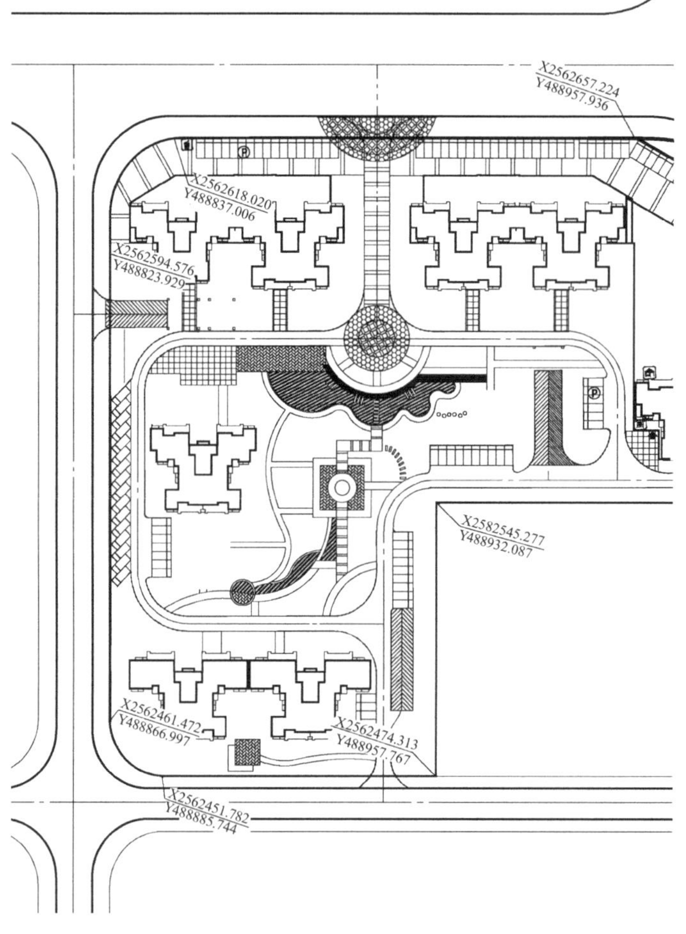

图 5-12

7. 绘制填充样式

打开“图层管理器”，将图层切换至“地面样式填充”的图层，绘制出地面材料呈现出的样式，如图 5-12 所示。

8. 绘制标志

运用“直线”“填充”等命令，绘制如图 5-13 所示的小区入口、垃圾箱、停车位等标志。

图 5-13

运用“直线”“填充”“偏移”“文字”等命令，输入文字，绘制图例。

9. 打印出图

整理绘制的总平面图，如图 5-14 所示，打印出图。

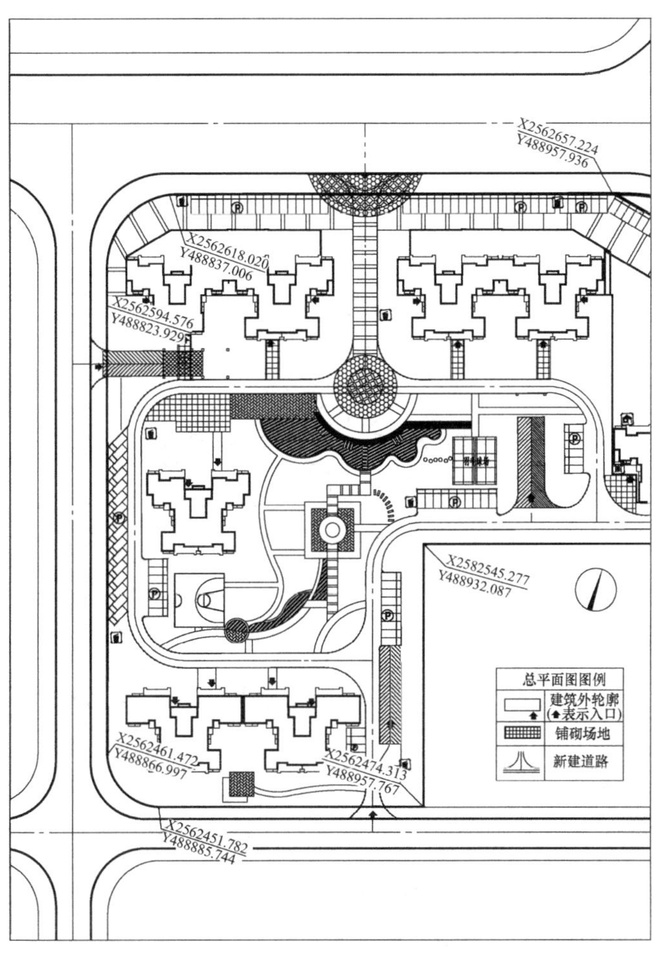

图 5-14

三、相关知识与技能

1. 绘图软件的使用

建筑总平面图绘制时没有强制性规定具体使用哪一软件，绘图者可以根据自己使用的熟练程度及习惯进行选择。

2. 图层设置

图层名字可根据自己绘图习惯进行设置。

3. 图纸图例

在绘制和识读图纸时，图形的标志可查阅总平面图图例。

四、思考与练习

请用本任务中讲授的方法绘制如下建筑总平面图，如图 5-15 所示。

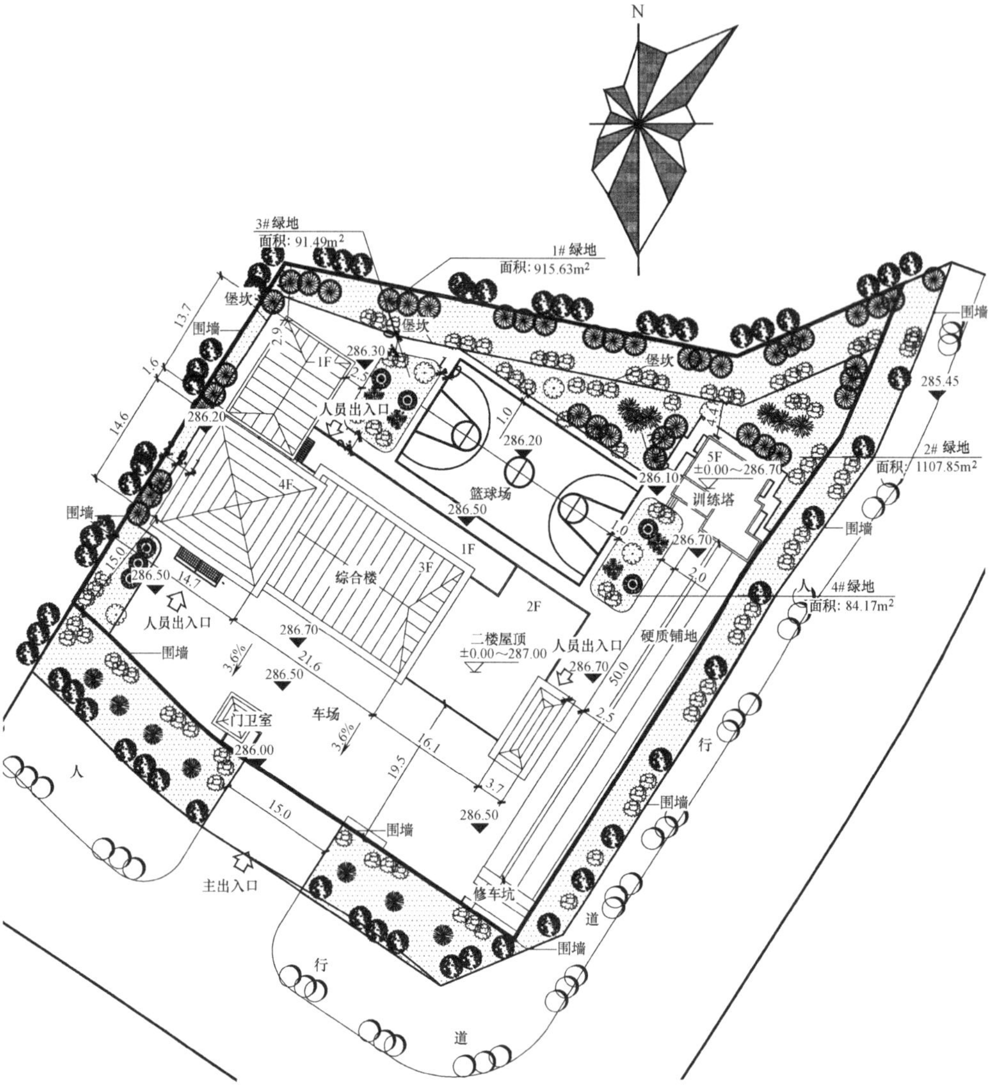

图 5-15

情境六　建筑详图的绘制

我们将通过两个任务来完成某建筑施工图——详图的绘制，完成后效果如图 6-1 和图 6-2所示。

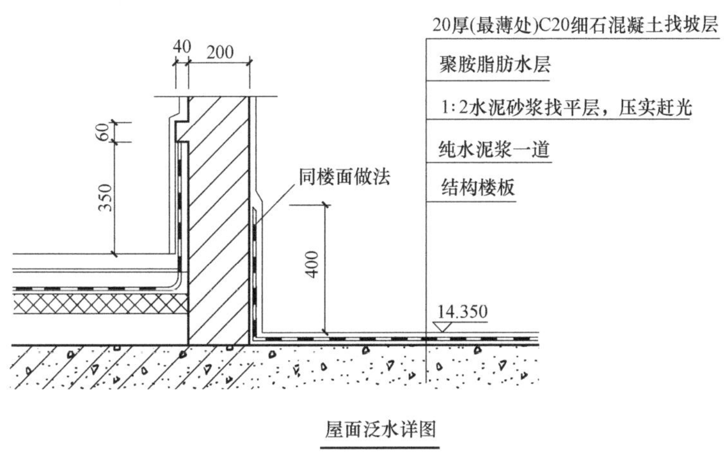

图　6-1

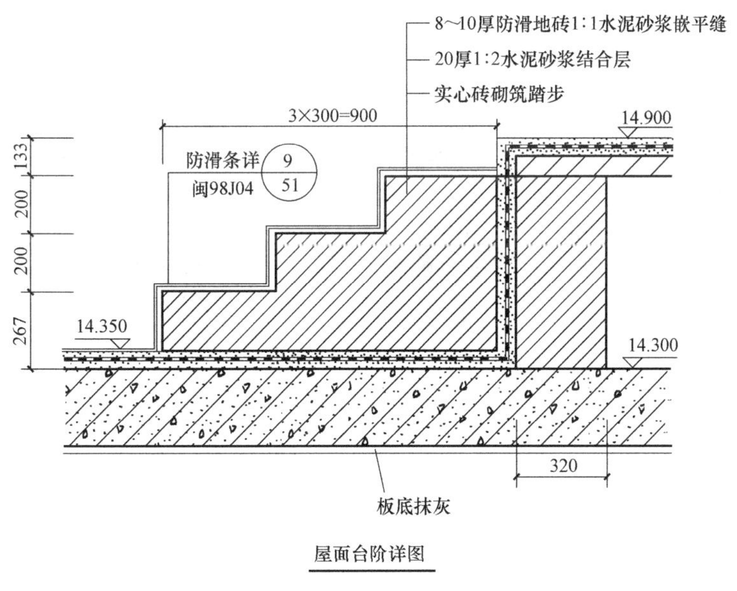

图　6-2

情境目标

1. 熟练掌握详图中填充、轮廓线的绘制方法。

2. 熟练掌握文字、符号的输入方法。
3. 熟练掌握填充样式、细部线条、文字、尺寸的编辑修改。

任务一　绘制屋面泛水详图

一、任务描述

通过对屋面泛水详图的绘制，提高使用 AutoCAD 2008 和天正建筑 8.0 的基本绘图能力。

活动环境与工具

1. 活动环境

采用多媒体机房进行教学，每人一台计算机，教师课前安装好软件并逐台测试。

2. 资源准备

本节课教学前，教师将任务图纸、任务工单、国家制图规范准备好，确保 AutoCAD 2008 及天正软件能正常运行，并提供一套建筑施工图纸（详图）、文字说明、图片幻灯片和视频资料。

任务分析

根据建筑施工图纸要求运用 AutoCAD 2008 的“直线”“偏移”“修剪”和天正的“填充”“标注”“文字”等命令绘制屋面泛水详图。

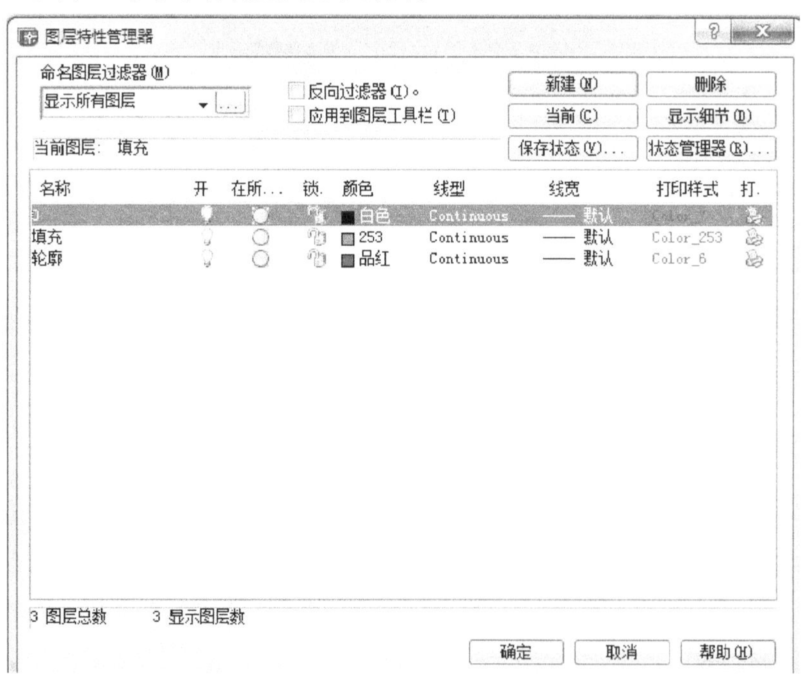

图　6-3

运用 AutoCAD 2008 的“直线”“偏移”“修剪”等命令绘制轮廓线及天正的“填充”“标注”“文字”命令完善图纸。

二、方法与步骤

1. 绘制屋面泛水轮廓

1）打开天正建筑 8.0，新建一个空白文档并保存到指定存储盘。执行工具栏上的“图层特性管理器”（快捷键为：la），单击“新建图层”按钮新建 2 个图层，并按图 6-3所示设置每个图层的名称、颜色、线型及线宽。

2）执行菜单中的“直线”命令（快捷键为：l），绘制出轮廓线，如图 6-4 所示。

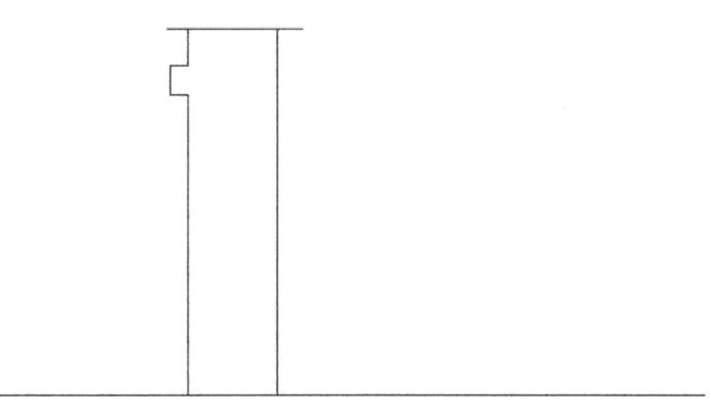

图　6-4

3）执行菜单中的“直线”命令，运用“偏移”“修剪”绘制出剩余轮廓线，如图 6-5 所示。

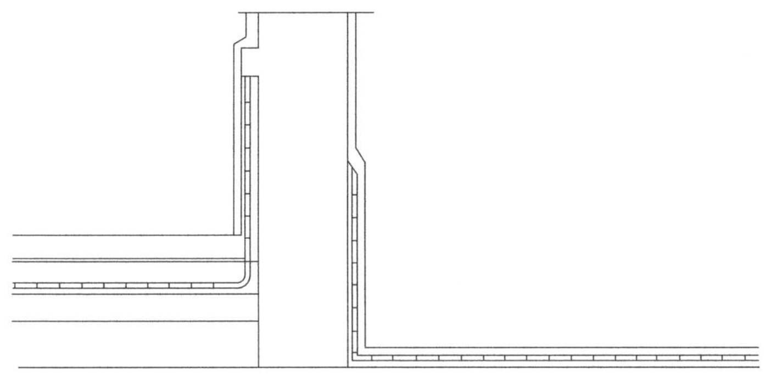

图　6-5

4）执行菜单中的“工具”—“曲线工具”—“加粗曲线”，对指定部位线条进行加粗，如图 6-6 所示。

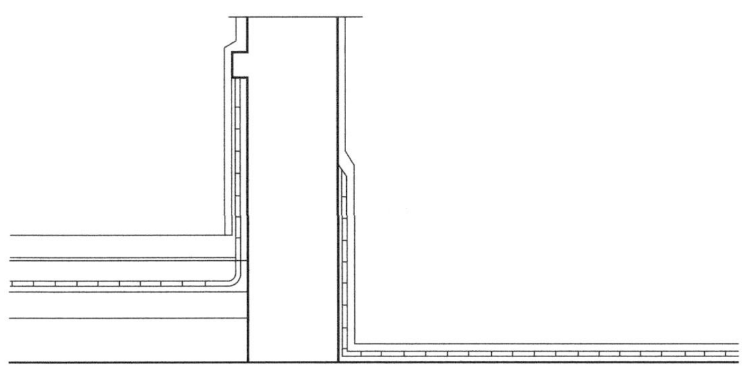

图　6-6

2. 填充内部样式

执行菜单中的“填充”命令（快捷键为：H），弹出图案填充对话框，选择样式并对图形进行填充，如图 6-7 所示。

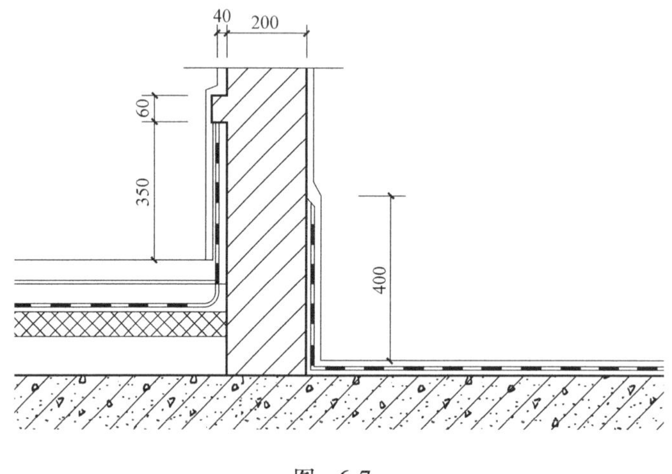

图 6-7

3. 标注

1）执行天正屏幕菜单中的“尺寸标注”—“逐点标注”，对详图进行尺寸标注，完成后如图 6-8 所示。

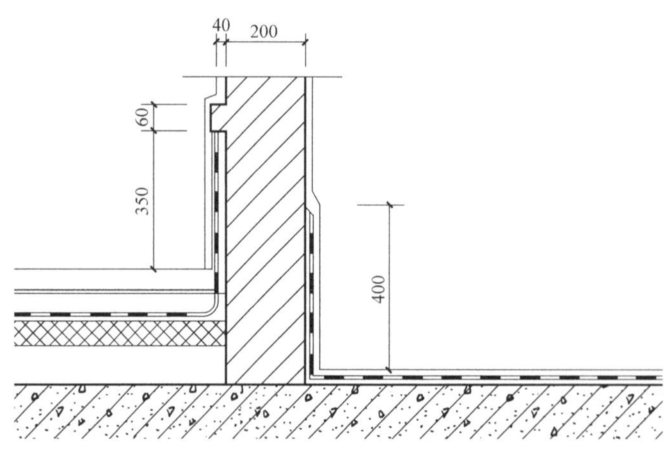

图 6-8

2）执行天正屏幕菜单中的“符号标注”中的“标高标注”“图名标注”“引出标注”等，根据建筑图纸，完成所有的文字符号的绘制。

完成所有步骤后如图 6-1 所示。

三、相关知识与技能

天正建筑 8.0 在绘制门窗、轴线、文字、尺寸标注、标高等内容前不需要新建图层，它们的图层是由软件自动生成的，在使用天正命令绘制线条和构件的时候就会生成相应的图

层，如图 6-9 所示。

图　6-9

四、思考与练习

请用本任务学习的命令及方法绘制某花池详图，内容如 6-10 所示。

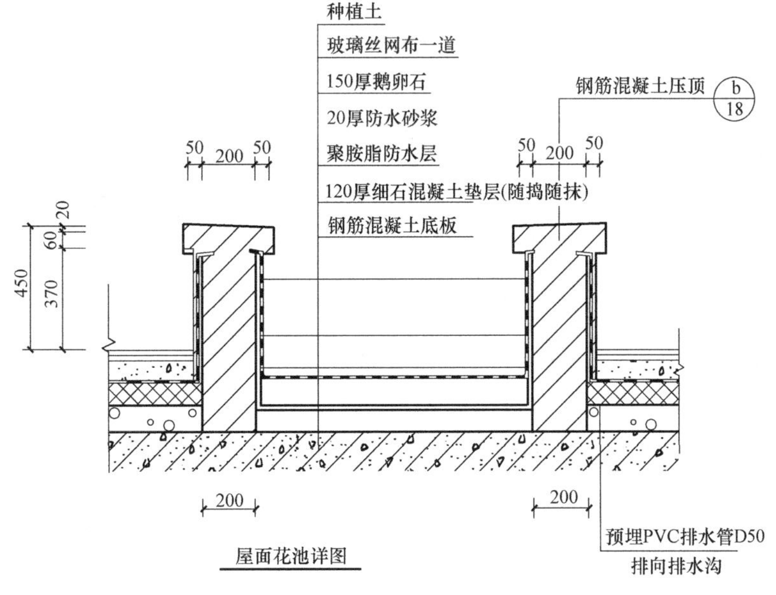

图　6-10

小提示

填充时注意不同图案的填充比例不一样。

任务二　绘制屋面台阶详图

一、任务描述

通过对屋面台阶详图的绘制，进一步提高使用 AutoCAD 2008 和天正建筑 8.0 的绘图能力。

活动环境与工具

1. 活动环境

采用多媒体机房进行教学，每人一台计算机，老师课前安装好软件并逐台测试。

2. 资源准备

本节课教学前，教师将任务图纸、任务工单、国家制图规范准备好，确保 AutoCAD 2008 及天正软件能正常运行，并提供一套建筑施工图纸（详图）、文字说明、图片幻灯片和视频资料。

任务分析

根据建筑施工图纸要求，运用 AutoCAD 2008 的“直线”“偏移”“修剪”、“图层”绘制屋面台阶。

运用天正建筑 8.0 的“填充”“标注”“文字”等命令绘制屋面台阶详图的尺寸标注、文字标注、填充的不同样式。

二、方法与步骤

1. 绘制屋面台阶轮廓

1）打开天正建筑 8.0，新建一个空白文档并保存到指定存储盘。执行工具栏上的“图层特性管理器”（快捷键为：la），单击“新建图层”按钮新建 2 个图层，并按图 6-11 所示设置每个图层的名称、颜色、线型及线宽。

2）执行菜单中的“直线”命令（快捷键为：l），绘制出轮廓线，如图 6-12 所示。

3）执行菜单中的“直线”命令，运用“偏移”“修剪”绘制出剩余轮廓线，如图 6-13 所示。

4）执行菜单中的“工具”—“曲线工具”—“加粗曲线”，对指定部位线条进行加粗，如图 6-14 所示。

5）执行菜单中的“直线”“偏移”“圆角”等命令，绘制出台阶防滑条，如图 6-15 所示。

2. 填充内部样式

执行菜单中的“填充”命令（快捷键为：H），弹出“图案填充”对话框，选择样式并

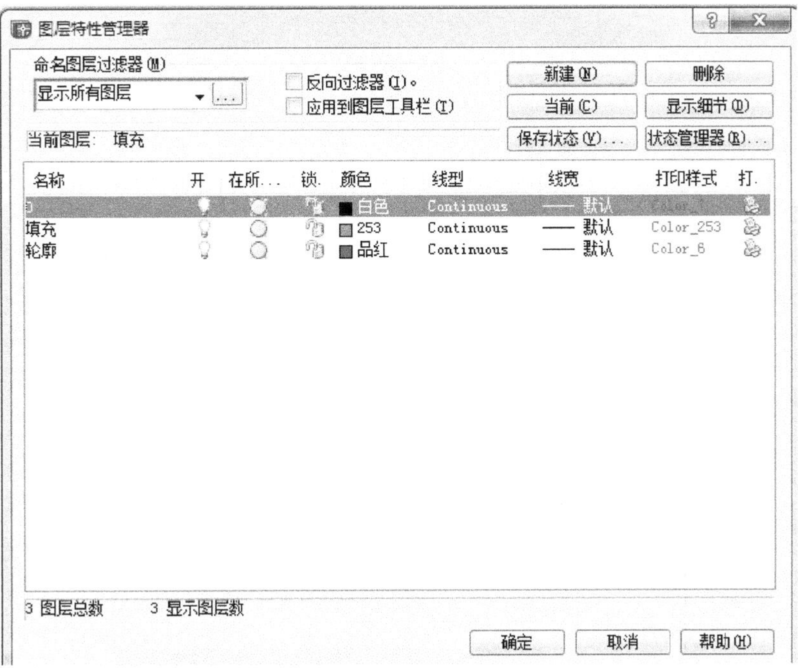

图　6-11

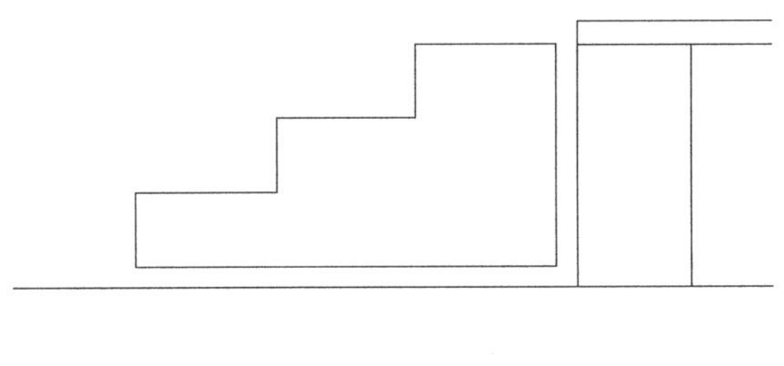

图　6 12

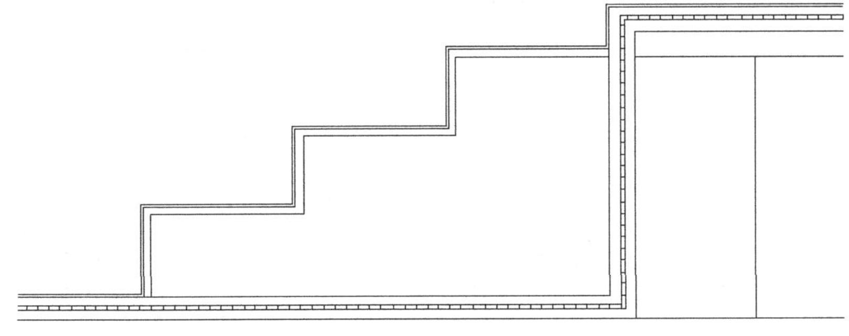

图　6-13

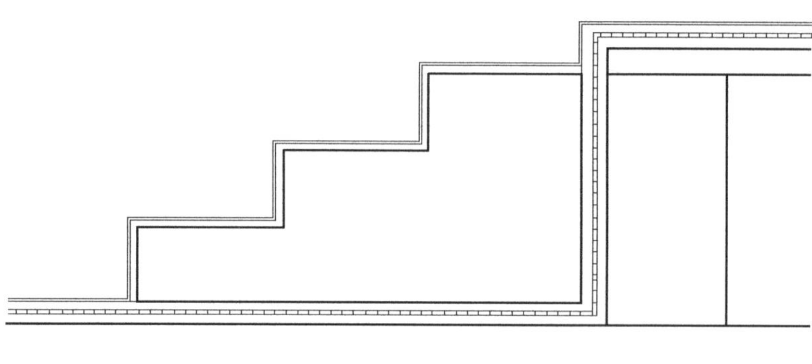

图 6-14

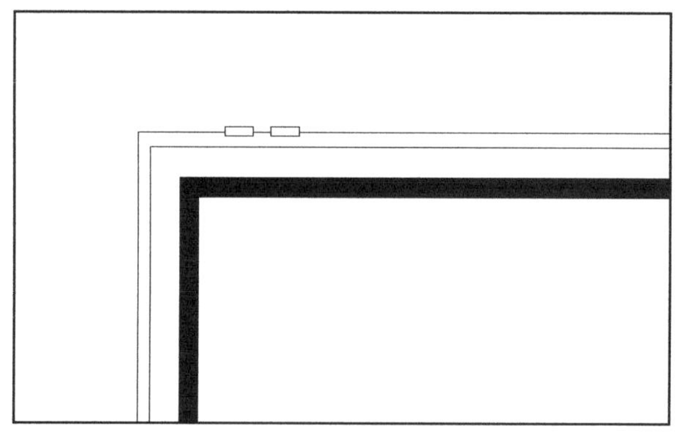

图 6-15

对图形进行填充，如图 6-16 所示。

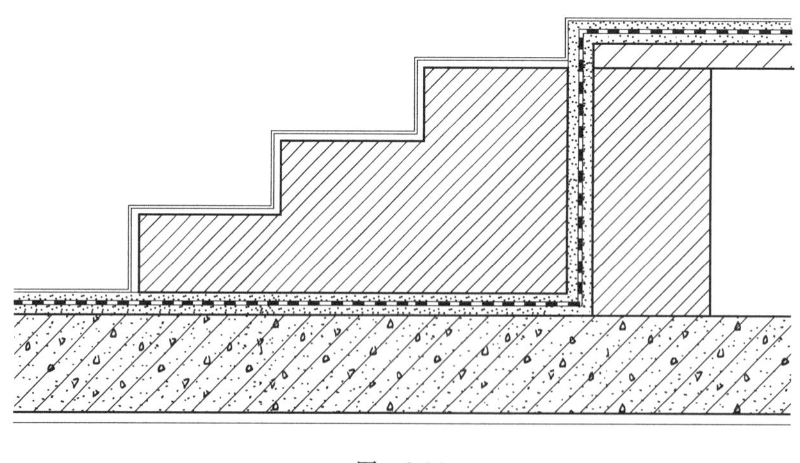

图 6-16

3. 标注

1）执行天正屏幕菜单中的“尺寸标注”—“逐点标注”，对详图进行尺寸标注，完成后如图 6-17 所示。

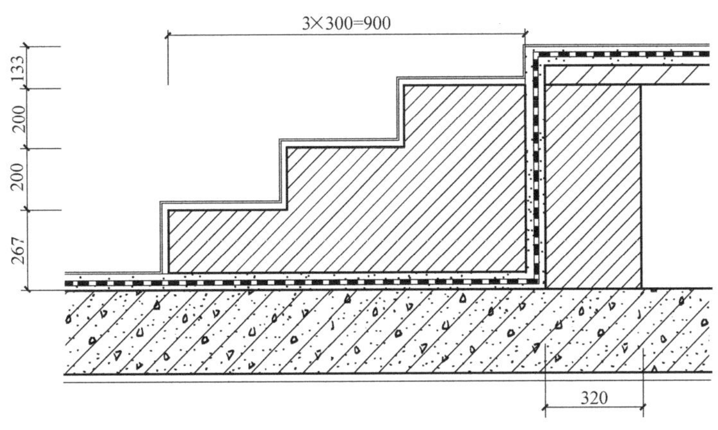

图　6-17

2）执行天正屏幕菜单中的“符号标注”中的“标高标注”、“图名标注”、“引出标注”等，根据建筑图纸，完成所有的文字符号的绘制。

完成所有步骤后如图 6-2 所示。

三、相关知识与技能

使用填充命令“h”前，需要把要填充的部分在视图区全部显示，包括填充部分所有的边界线。如果不完全显示边界线，填充时便会弹出图 6-18 所示的对话框。

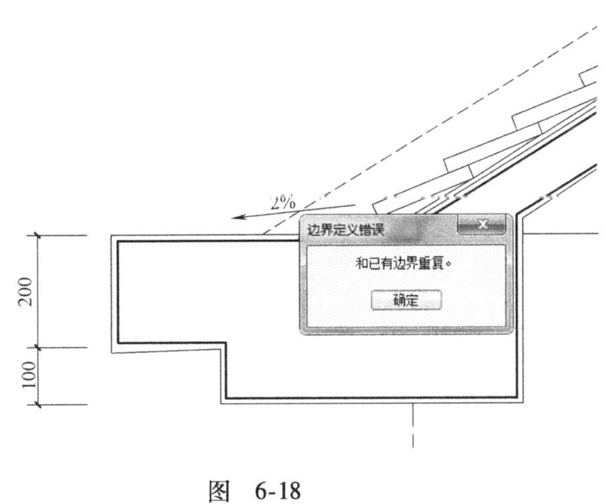

图　6-18

填充的边界线也必须是封闭的线条，若边界线不封闭，则不能找到有效的边界，如图 6-19 所示。

四、思考与练习

请用本任务学习的命令及方法绘制某大样图，内容如图 6-20 所示。

边界定义错误
未找到有效边界。
边界不闭合，或者边界对象不可访问。
请尝试执行以下操作之一:
- 缩小至所有边界均可见
- 增大允许的间隙系统变量 (HPGAPTOL)。
- 取消命令，然后确定全部边界对象形成了一个闭合区域。
确定

图 6-19

挂瓦
25厚防水水泥砂浆
玻璃纤维网
改性沥青涂膜
20厚1:2.5水泥砂浆结合层
100厚现浇混凝土屋面板
加U-Ⅱ型防水剂
2%
200
100
200
350
200
入口檐口大样图1:20

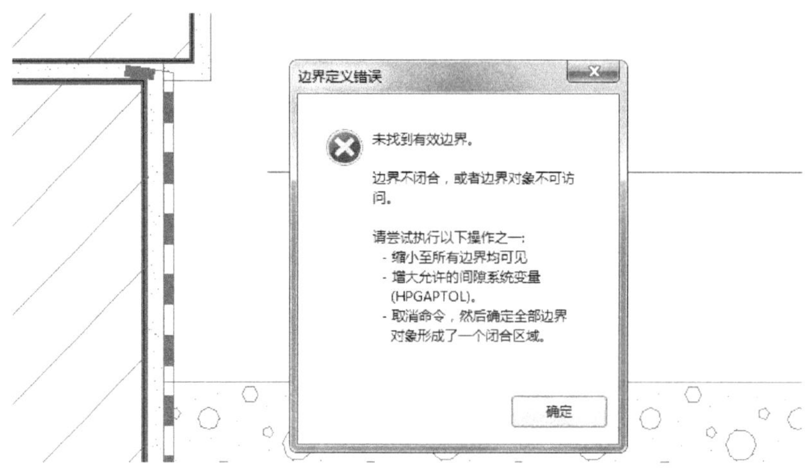

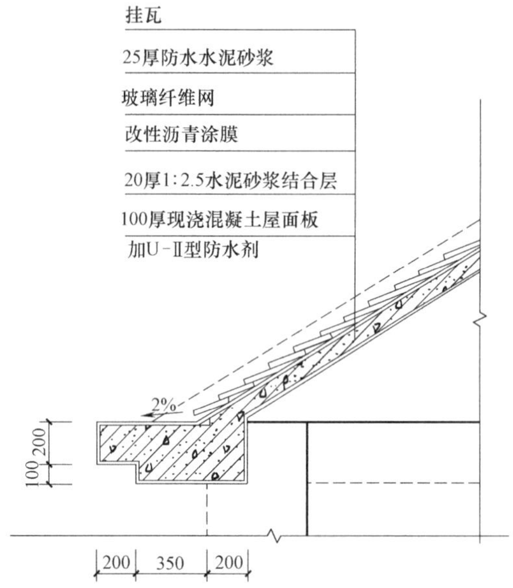

图 6-20

参考文献

[1] 刘瑞新. AutoCAD 2009 中文版建筑制图 [M]. 北京：机械工业出版社，2008.

[2] 李波，杨红，等. TArch 7.5 天正建筑设计与工程应用案例精粹. 北京：机械工业出版社，2013.

中等职业学校示范校建设成果教材

ZHONGDENG ZHIYE XUEXIAO SHIFANXIAO JIANSHE CHENGGUO JIAOCAI

《电子技术基础与技能》	主编	周业忠	副主编	杨　安	蒋向东	李　朗
《电工技术基础与技能》	主编	黎　红 陈北南	副主编	沈　建	周丁霖	秦洪祥
《电子产品生产工艺与管理》	主编	王一萍	副主编	曾海军	田晔非	吴　静
《单片机应用项目制作与调试》	主编	陈　勇	副主编	刘兴建	李嘉陵	张林才
《PLC应用项目的安装与调试》	主编	郑开明	副主编	刘　涛	沈文琴	袁家军
《机械零件数控铣削加工》	主编	冯　刚	副主编	龚丽萍	王光全	张小斌
《机械零件数控车削加工》	主编	胡　勇	副主编	郑颂波	王光全	何海兵
《机械零件的自动编程与加工》	主编	游贤容	副主编	冯　丹	范代孚	冯　刚
《机械识图与制图》	主编	游明军	副主编	张仁英		
《建筑工程测量》	主编	王凤花	副主编	梅建智		
《建筑CAD绘图》	主编	刘婵洁	副主编	李林玲	谭　佼	
《建筑工程现场施工》	主编	张旭勇 周李静	副主编	黄剑雄	蒋玉明	
《建筑施工图识读》	主编	陈大红	副主编	王　松	谭　伟	黄剑雄
《建筑施工组织与管理》	主编	田　竞	副主编	黄剑雄	柴长耀	
《化工流体输送单元操作与控制》	主编	殷利明 万美春	副主编	段成义	廖权昌	
《化工精馏单元操作与控制》	主编	万美春 殷利明	副主编	黄明刚	廖权昌	胡志林

机工教育微信服务号

ISBN 978-7-111-46682-6

策划编辑◎**刘思海** / 封面设计◎**马精明**

定价：22.00元